電圧変動と不平衡計算

新田目　倖造　著

「d-book」
シリーズ

http：//euclid.d-book.co.jp/

電 気 書 院

凡　例

本書の記号は，原則として次の例によった．

(a) 単位は，〔m〕，〔kg〕，〔s〕などのMKS有理系を用いる．

(b) 瞬時値を表わすには，v，iなどの小文字を用いる．

(c) 実効値を表わすには，V，Iなどの大文字を用いる．

(d) ベクトル量を表わすには，$\dot{V}$，$\dot{I}$などを用いる．

(e) 角を表わすには，α，θ，δなどのギリシャ文字を用いる．(別表)

(f) 単位を表わす略字を記号文字の後に使用するときは，V〔kV〕，I〔A〕などとかっこを付する．

(g) 実用上重要と思われる数式，図面には＊印を付する．

別表　ギリシャ文字の読み方

大文字	小文字	読　み　方	大文字	小文字	読　み　方
A	α	アルファ	N	ν	ニュー ・ヌー
B	β	ベータ ・ビータ	Ξ	ξ	・クサイ ・グザイ
Γ	γ	ガンマ	O	o	オミクロン
Δ	δ	デルタ	Π	π	・パイ
E	ε	・イプシロン	P	ρ	ロー
Z	ζ	・ジータ	Σ	σ	シグマ
H	η	・イータ	T	τ	タウ ・トー
Θ	θ	・シータ	Υ	υ	・ウプシロン
I	ι	・イオタ	Φ	ϕ，φ	・ファイ
K	κ	カッパ	X	χ	・カイ
Λ	λ	・ラムダ	Ψ	ψ	・プサイ
M	μ	ミュー ・ムー	Ω	ω	・オメガ

(注) 通信工学ハンドブック (電気通信学会，丸善，昭32.7) による．
・印は，おもに英語風な読み方のなまった通称．

目　次

1　電圧変動率の計算

2　電圧変動の影響と防止対策

3　逆相電流と電圧不平衡率の計算法

1　電圧変動率の計算

交流式電気鉄道や製鋼用大形アーク炉負荷は，負荷変動に伴って系統電圧変動を生ずるとともに，負荷電流が三相平衡していないために電圧の不平衡を生じ，付近の発電機に逆相電流を流す．

電圧変動率や不平衡率が大きくなると，一般負荷や回転機に悪影響を与えるので，あらかじめ，これらを予測して許容限界内に制御する必要がある．このテキストでは，変動負荷や不平衡負荷による電圧変動率，電圧不平衡率および逆相電流の計算と，これらによる影響防止対策について述べる．

1・1　三相平衡変動負荷

母線の電圧変動率

圧延機やポンプなど起動・停止のはげしい電動機負荷のような，三相平衡変動負荷　$\Delta\dot{W}=\Delta P+j\Delta Q$〔PU〕を，電源インピーダンス　$\dot{Z}=R+jX$〔PU〕の母線から供給しているとき，母線の電圧変動率Δv〔PU〕は，次式によって求められる（図1・1）．

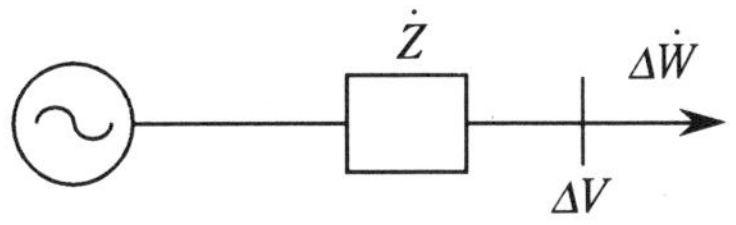

図1・1　変動負荷による電圧変動

$$\Delta v=\frac{\Delta V}{V}=\frac{R\Delta P+X\Delta Q}{V^2}$$

$$\fallingdotseq R\Delta P+X\Delta Q\quad(V\fallingdotseq 1\,\mathrm{PU}\quad のとき)\qquad(1\cdot 1)\,*$$

特に，一次系統のように抵抗分Rが小さく，$(R/X)\ll 1$の場合は，

$$\Delta v\fallingdotseq\frac{X\Delta Q}{V^2}=X\Delta Q\quad(V\fallingdotseq 1\,\mathrm{PU}\quad のとき)\qquad(1\cdot 2)\,*$$

母線の短絡容量

母線の短絡容量Sは，　$S=\dfrac{V^2}{X}$〔PU〕であるから，

$$\Delta v\fallingdotseq\frac{\Delta Q}{S}\qquad(1\cdot 3)\,*$$

電源インピーダンスを求める場合，発電機インピーダンスとしては，負荷変動周期により$X_d''\sim X_d'$を使用する．

〔問題 1〕　電源インピーダンス $\dot{Z}=0.1+j0.4$〔PU　on　1 000 MVA〕の母線から $\Delta\dot{W}=40\text{MW}+j30\text{ MVar}$ の三相平衡変動負荷へ供給しているとき，この母線の電圧変動率 Δv を求めよ．

〔解答〕　1 000 MVA 基準単位法では，$\Delta\dot{W}=0.04+j0.03$ であるから，(*1･1*) 式より，

$$\Delta v \fallingdotseq 0.1\times0.04+0.4\times0.03=0.016\text{ PU}=1.6\,\%$$

〔問題 2〕　短絡容量2 000 MVA の母線から供給される負荷の無効電力変動が30 MVA のとき，この母線の電圧変動率 Δv を求めよ．

〔解答〕　(*1･3*) 式より，

$$\Delta v=\frac{30}{2\,000}=0.015\text{ PU}=1.5\,\%$$

1･2　交流電車負荷

交流電車負荷
スコット結線変圧器
変形ウッドブリッジ変圧器

(1) 交流電車負荷の特徴

交流電車の配電用変電所では，三相交流電圧を，スコット結線変圧器（図1･2）または変形ウッドブリッジ変圧器（図1･3）などによって20～30 kV の単相交流電圧に変換し，これを電車線路に印加する．列車では，これをパンタグラフを通して集電し，負荷時タップ切換変圧器によって電圧を調整した後，整流して走行用の直流電動機を駆動する．

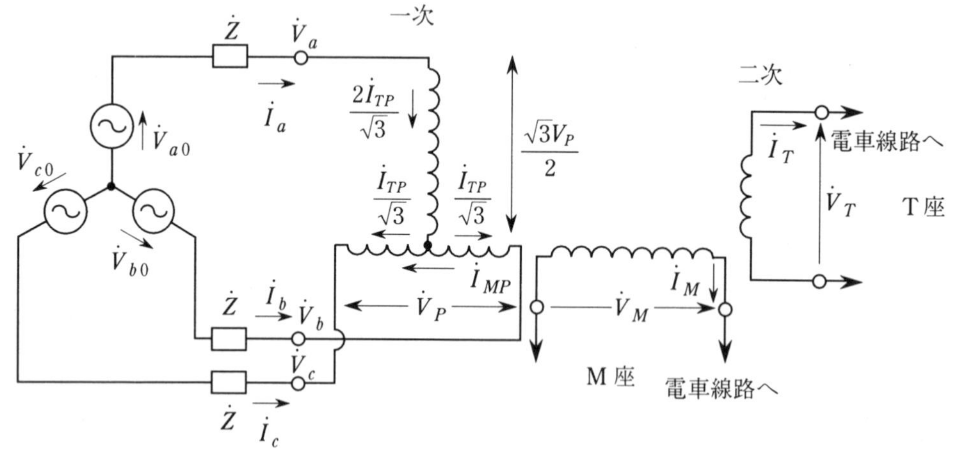

図1･2*　スコット結線変圧器の電圧・電流

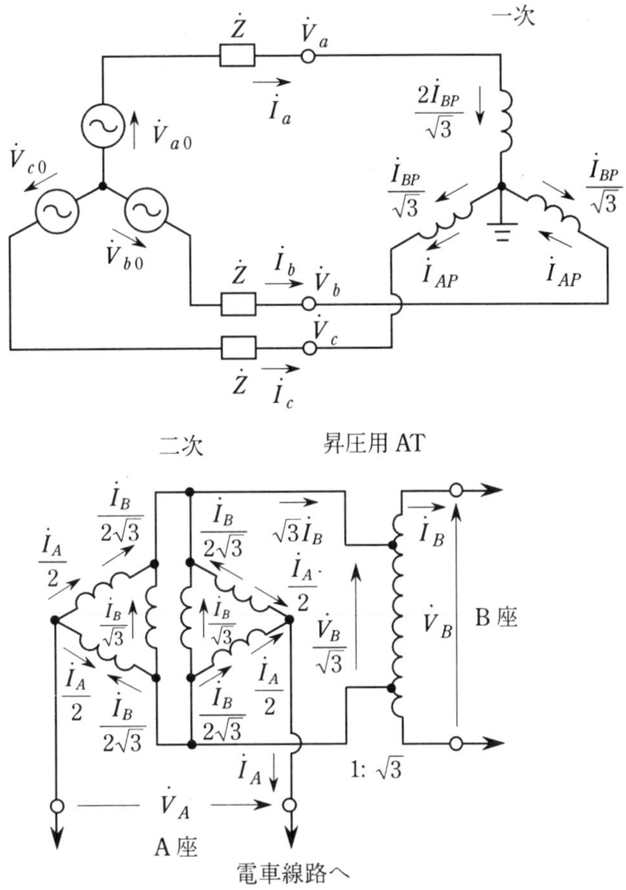

図1·3　変形ウッドブリッジ変圧器の電圧・電流

交流電車負荷は，電力系統からみると次のような特徴を持っている．

（ｉ）列車の起動・走行・停止などに伴って数分～十数分の周期で，負荷電流が，ほとんど零から最大値まで変動する．

（ii）三相電流が不平衡である．

（iii）整流器負荷であるため，負荷力率が0.75～0.8程度と低く，高調波電流を含む．

(2) 負荷の電圧，電流

図1·2のスコット結線変圧器では，M座，T座の一次，二次巻線は，それぞれ同一
M座電圧　鉄心に巻かれているから，変圧器インピーダンスを無視すれば，M座電圧$\dot{V}_M$はbc
T座電圧　線間電圧$\dot{V}_{bc}$と同相，T座電圧$\dot{V}_T$はa相電圧$\dot{V}_a$と同相となる（図1·4）．

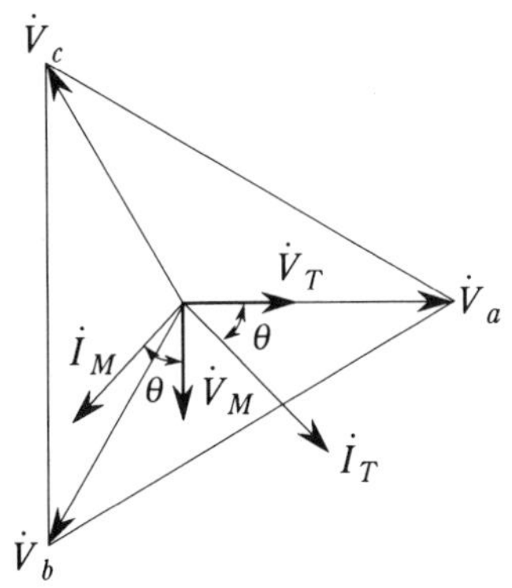

図1·4　スコット結線変圧器の電圧・電流ベクトル

一次電流は次式で表わされる．

$$\left.\begin{aligned}\dot{I}_a &= \frac{2}{\sqrt{3}}\dot{I}_{TP}\\ \dot{I}_b &= \dot{I}_{MP} - \frac{\dot{I}_{TP}}{\sqrt{3}}\\ \dot{I}_c &= -\dot{I}_{MP} - \frac{\dot{I}_{TP}}{\sqrt{3}}\end{aligned}\right\} \qquad (1\cdot 4)$$

$$\left.\begin{aligned}\dot{I}_{MP} &= \left(\frac{V_M}{V_P}\right)\dot{I}_M\\ \dot{I}_{TP} &= \left(\frac{V_T}{V_P}\right)\dot{I}_T\end{aligned}\right\} \qquad (1\cdot 5)$$

ここに，

$\dot{I}_M$，$\dot{I}_T$:M，T 座電流

$\dot{I}_{MP}$，$\dot{I}_{TP}$:$\dot{I}_M$，$\dot{I}_T$ の一次換算値

V_P: 一次側定格電圧（線間）

V_M，V_T:M，T 座定格電圧

すなわち，$\dot{I}_M$ は $\dfrac{V_M}{V_P}$ 倍となってbc相間に流れる．$\dot{I}_T$ は，T座の一次，二次定格電圧比が $\dfrac{\sqrt{3}}{2}V_P:V_T$ であるから，$V_T\Big/\left(\dfrac{\sqrt{3}}{2}V_P\right)=\dfrac{2V_T}{\sqrt{3}V_P}$ 倍となってa相に流れ，bc相に半分ずつ分流する．

図1·5のような単相負荷時の電圧電流は，スコット結線のM座のみ通電時と等しい．

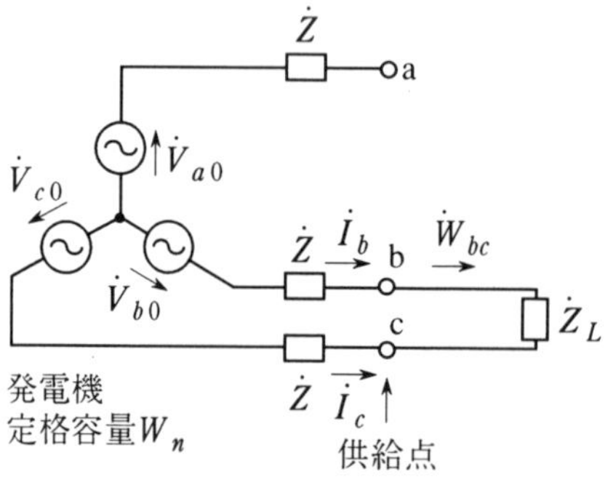

図1·5 単相負荷

変形ウッドブリッジ結線

また，変形ウッドブリッジ結線の電圧・電流分布は図1·3に示すように，A，B座がスコット結線のM，T座に対応しており，(*1·4*)，(*1·5*) 式は，M→A，T→Bと置き換えればそのまま成立するので，以下スコット結線について述べる．

〔問題 3〕 一次電圧154 kV，二次電圧20 kVのスコット結線変圧器に，(1) M座8 MVA，(2) T座8 MVA，または (3) M，T座とも8 MVAの負荷をかけたときの一次電流を求めよ．ただし，負荷力率は0.8とする．

〔解答〕 (1) M座8 MVAの場合

a 相電圧$\dot{V}_a$を位相基準にとれば，$\dot{V}_M$は$\dot{V}_a$より90°遅れ，$\dot{I}_M$は$\dot{V}_M$より負荷力率

角$\theta = \cos^{-1} 0.8 = 36.9^\circ$遅れているから，$\dot{I}_M$は$\dot{V}_a$より$90^\circ + 36.9^\circ = 126.9^\circ$遅れており，その大きさは，

$$I_M = \frac{8\text{MVA}}{20\text{kV}} = 400\ \text{A}$$

$$\therefore\ \dot{I}_{MP} = \left(\frac{20}{154}\right) \times (400\angle -126.9^\circ) = 51.9\angle 233.1^\circ\,[\text{A}]$$

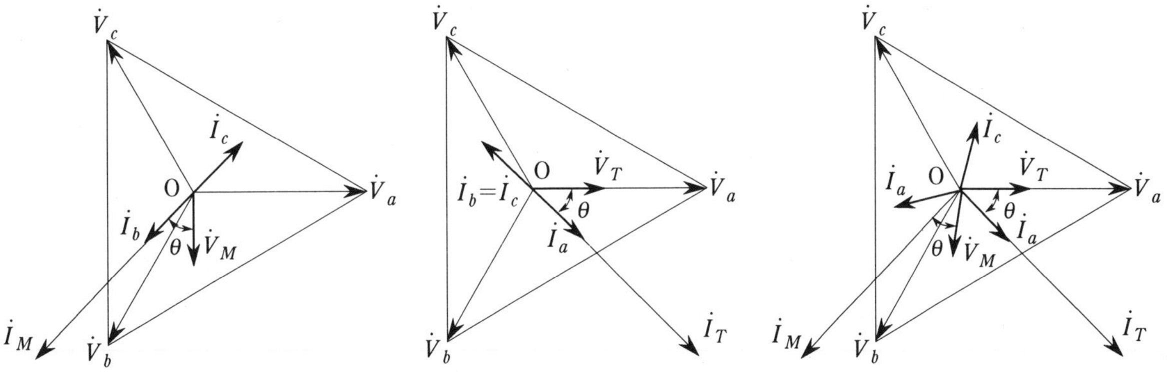

(a) M座負荷時　　(b) T座負荷時　　(c) M，T座負荷時（$I_M = I_T$）

図1·6　スコット結線変圧器の負荷電流例

したがって，(*1·4*) 式より一次電流は次のとおり（図**1·6** (a)）

$$\left.\begin{aligned} \dot{I}_a &= 0 \\ \dot{I}_b &= 51.9\angle 233.1^\circ\,[\text{A}] \\ \dot{I}_c &= -51.9\angle 233.1^\circ = 51.9\angle 53.1^\circ\,[\text{A}] \end{aligned}\right\}$$

(2) T座8 MVAの場合

$\dot{I}_T$，$\dot{I}_{TP}$の大きさは$\dot{I}_M$，$\dot{I}_{MP}$と等しく，位相は$\dot{V}_T$（V_aと同相）より36.9°遅れているから，

$$\dot{I}_{TP} = 51.9\angle -36.9^\circ = 51.9\angle 323.1^\circ\,[\text{A}]$$

したがって，(*1·4*) 式より一次電流は次のとおり（図**1·6** (b)）

$$\left.\begin{aligned} \dot{I}_a &= \frac{2}{\sqrt{3}} \times (51.9\angle 323.1^\circ) = 60.0\angle 323.1^\circ\,[\text{A}] \\ \dot{I}_b &= -\frac{(51.9\angle 323.1^\circ)}{\sqrt{3}} = 30.0\angle 143.1^\circ\,[\text{A}] \\ \dot{I}_c &= 30.0\angle 143.1^\circ\,[\text{A}] \end{aligned}\right\}$$

(3) M，T座とも8 MVAの場合

$$\left.\begin{aligned} \dot{I}_{MP} &= 51.9\angle 233.1^\circ \\ \dot{I}_{TP} &= 51.9\angle 323.1^\circ \end{aligned}\right\}$$

$$\dot{I}_a = \frac{2}{\sqrt{3}} \times (51.9\angle 323.1^\circ) = 60.0\angle 323.1^\circ\,[\text{A}]$$

$$\dot{I}_b = 51.9\angle 233.1^\circ - \frac{(51.9\angle 323.1^\circ)}{\sqrt{3}} = 60.0\angle 203.1^\circ \text{〔A〕}$$

$$\dot{I}_c = -51.9\angle 233.1^\circ - \frac{(51.9\angle 323.1^\circ)}{\sqrt{3}} = 60.0\angle 83.1^\circ \text{〔A〕}$$

このベクトル図は，図1·6（c）に示すように三相平衡電流となる．

一般に$\dot{V}_a$を位相基準にとり，負荷力率角を遅相θとすれば，

$$\left.\begin{aligned}\dot{I}_{MP} &= -jI_{MP}\varepsilon^{-j\theta}\\ \dot{I}_{TP} &= I_{TP}\varepsilon^{-j\theta}\end{aligned}\right\} \tag{1·6}$$

一次側の零相，正相，逆相電流は（1·4），（1·6）式より，

$$\dot{I}_0 = \frac{1}{3}\left(\dot{I}_a + \dot{I}_b + \dot{I}_c\right) = 0 \tag{1·7}$$

$$\begin{aligned}\dot{I}_1 &= \frac{1}{3}\left(\dot{I}_a + a\dot{I}_b + a^2\dot{I}_c\right)\\ &= \frac{1}{3}\left\{\frac{2}{\sqrt{3}}\dot{I}_{TP} + \left(-\frac{1}{2} + \frac{j\sqrt{3}}{2}\right)\left(\dot{I}_{MP} - \frac{\dot{I}_{TP}}{\sqrt{3}}\right)\right.\\ &\quad \left. + \left(-\frac{1}{2} - \frac{j\sqrt{3}}{2}\right)\left(-\dot{I}_{MP} - \frac{\dot{I}_{TP}}{\sqrt{3}}\right)\right\}\\ &= \frac{(I_{MP} + I_{TP})\varepsilon^{-j\theta}}{\sqrt{3}}\end{aligned} \tag{1·8}$$

$$\begin{aligned}\dot{I}_2 &= \frac{1}{3}\left(\dot{I}_a + a^2\dot{I}_b + a\dot{I}_c\right)\\ &= \frac{(I_{TP} - I_{MP})\varepsilon^{-j\theta}}{\sqrt{3}}\end{aligned} \tag{1·9}$$

したがって，$I_T = I_M$，すなわち$I_{TP} = I_{MP}$のときは$\dot{I}_2 = 0$で，一次電流は三相平衡となる．

電圧降下率

（3）電圧降下率

図1·2のスコット結線負荷による各線間電圧降下率〔PU〕は，次式によって求められる（付録・1）．

$$\left.\begin{aligned}v_{abd} &= \frac{V_{ab0} - V_{ab}}{V_{ab0}} = \frac{W_M}{S}\sin(\theta' - 60^\circ) + \frac{\sqrt{3}W_T}{S}\sin(\theta' + 30^\circ)\\ v_{bcd} &= \frac{V_{bc0} - V_{bc}}{V_{bc0}} = \frac{2W_M}{S}\sin\theta'\\ v_{cad} &= \frac{V_{ca0} - V_{ca}}{V_{ca0}} = \frac{W_M}{S}\sin(\theta' + 60^\circ) + \frac{\sqrt{3}W_T}{S}\sin(\theta' - 30^\circ)\end{aligned}\right\} \tag{1·10*}$$

ここに，V_{ab0}，V_{ab}：無負荷時および負荷時のab線間電圧（V_{bc0}，V_{bc}，…も同様）

$\theta' = \theta - \alpha + 90^\circ$

α：電源インピーダンス$\dot{Z}$の偏角

θ：負荷力率角（遅相）

$W_M = V_M I_M$：M 座負荷の皮相電力〔MVA〕

$W_T = V_T I_T$：T 座負荷の皮相電力〔MVA〕

$S = \dfrac{V_P{}^2}{Z}$：電源側短絡容量〔MVA〕

すなわち，スコット結線変圧器の負荷による電圧降下率は相によって異なるが，負荷の皮相電力に比例し，電源側短絡容量に反比例する．電源インピーダンスに抵抗分のある場合は，抵抗分のない場合に比べて，負荷力率角が（$90^\circ - \alpha$）だけ増加したものとみなせる．

〔問題 4〕　スコット結線変圧器の各座に，次のように負荷をかけたとき，一次側の各線間電圧降下率を求めよ．

(1) T 座負荷のみ W〔MVA〕

(1) M 座負荷のみ W〔MVA〕

(1) T，M 座ともに W〔MVA〕

ただし，一次側の短絡容量は，W の 100 倍，負荷力率は 0.8 とし，電源側インピーダンスの抵抗分は無視する．

〔解答〕　（*1·10*）式で，$\alpha = 90^\circ$，$\theta' = \theta = \cos^{-1}0.8 = 36.9^\circ$ であるから，T 座のみ W〔MVA〕負荷時の ab 線間電圧降下率は，

$$v_{abd} = \frac{\sqrt{3}W}{S}\sin(36.9^\circ + 30^\circ) = \sqrt{3} \times 0.01 \times 0.9198 = 0.0159\,\mathrm{PU} = 1.59\%$$

同様にして各線間電圧降下率を求めれば，**表 1·1** となる．同表には，この時の電圧ベクトル図も概念的に示す．通常の電車負荷のように，力率 0.8 前後の場合は，T 座のみ負荷時の ab 線間電圧降下率が最も大きくなる．

表 1·1　スコット結線変圧器負荷の電圧降下率例

〔%〕

	T 座のみ負荷時	M 座のみ負荷時	M，T 座ともに負荷時
v_{abd}	1.59	−0.39 (注2)	1.20
v_{bcd}	0	1.20	1.20
v_{cad}	0.21	0.99	1.20
電圧ベクトル図	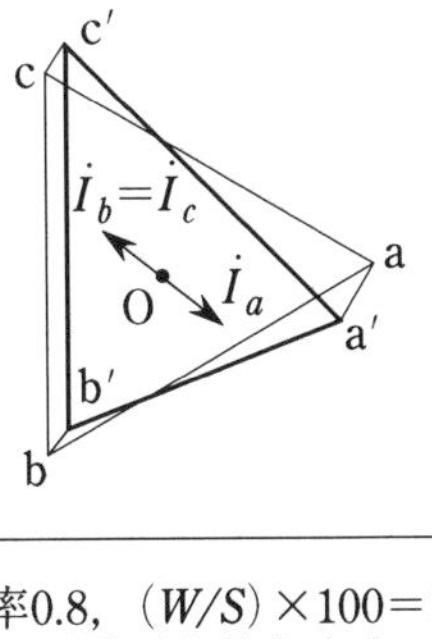	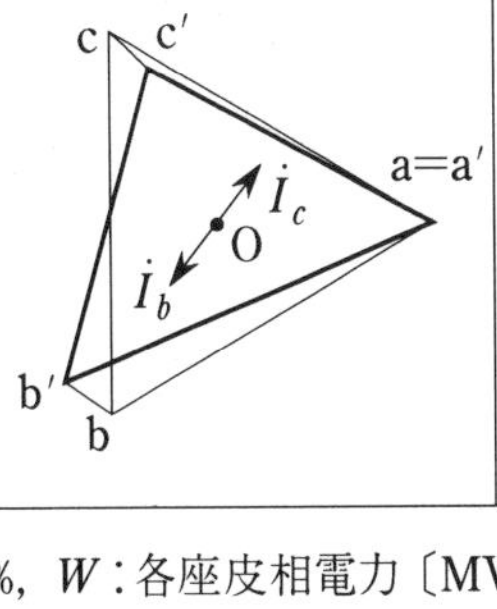	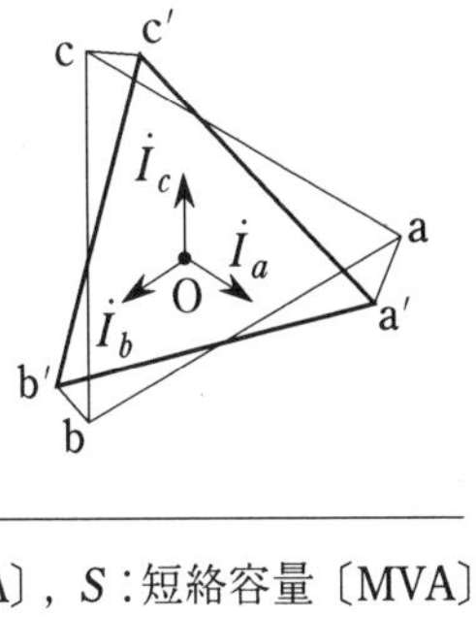

(注1) 負荷力率0.8，$(W/S) \times 100 = 1\%$，W：各座皮相電力〔MVA〕，S：短絡容量〔MVA〕

(注2) 負荷号は，電圧上昇を表す．

電圧変動率

(4) 電圧変動率

M，T 座の最大負荷変動を

$$\left.\begin{aligned}\Delta W_M &= W_{M\max} - W_{M\min}\\ \Delta W_T &= W_{T\max} - W_{T\min}\end{aligned}\right\} \tag{1·11}$$

ここに，

$W_{M\max}$，$W_{M\min}$：M 座負荷の最大値，最小値〔MVA〕

$W_{T\max}$，$W_{T\min}$：T 座負荷の最大値，最小値〔MVA〕

線間電圧変動率

とすれば，ΔW_M，ΔW_Tによるab線間電圧変動率は，

$$\left.\begin{aligned}\Delta v_{abM} &= v_{abdM\max} - v_{abdM\min}\\ &= \frac{\Delta W_M}{S}\sin(\theta' - 60^\circ)\\ \Delta v_{abT} &= v_{abdT\max} - v_{abdT\min}\\ &= \frac{\sqrt{3}\,\Delta W_T}{S}\sin(\theta' + 30^\circ)\end{aligned}\right\} \tag{1·12}$$

ここに，

$v_{abdM\max}$，$v_{abdM\min}$：M 座負荷によるab線間電圧降下率の最大値，最小値

$v_{abdT\max}$，$v_{abdT\min}$：T 座負荷によるab線間電圧降下率の最大値，最小値

最大電圧変動率

各座負荷が相互に独立に不規則に変動するものとすれば，両座負荷によるab線間の最大電圧変動率は，Δv_{abM}とΔv_{abT}の2乗和の平方根として，次のように求められる．

$$\begin{aligned}\Delta v_{ab} &= \sqrt{\Delta v_{abM}{}^2 + \Delta v_{abT}{}^2}\\ &= v_{abT}\sqrt{\left\{\frac{\Delta W_M \sin(\theta' - 60^\circ)}{\sqrt{3}\,\Delta W_T \sin(\theta' + 30^\circ)}\right\}^2 + 1}\end{aligned} \tag{1·13}$$

最後の$\sqrt{\ }$内の第1項は，$\Delta W_M \fallingdotseq \Delta W_T$ とすれば，**表1·1**の例では，$\left(\dfrac{-0.39}{1.59}\right)^2 = 0.06 \ll 1$ であるから，

$$\Delta v_{ab} \fallingdotseq \Delta v_{abT} \tag{1·14}$$

他の相についても，同様に電圧変動率を求めて比較すれば，各相の中で(*1·14*)式が最大となる．すなわち，スコット結線変圧器負荷による最大電圧変動率は次式で求められる．

$$\Delta V_{\max} = \frac{\sqrt{3}\,\Delta W_T}{S}\sin(\theta' + 30^\circ)\ \text{〔PU〕} \tag{1·15}$$ *

〔問題 5〕 力率0.75の交流電車負荷にスコット結線変圧器で配電しているとき，供給点の最大電圧変動率 $\Delta V_{\max}$ を2％以下にするためには，供給点の短絡容量は，片座最大負荷変動の何倍程度必要か．ただし，電源側インピーダンスの抵抗分は無視する．

〔解答〕 (*1·15*)式で負荷力率角は，

$$\theta = \cos^{-1} 0.75 = 41.40 = \theta'$$

$$\sin(\theta' + 30^\circ) = \sin 71.4^\circ = 0.9478$$

したがって，$\Delta V_{max} < 0.02$ とするためには，

$$\frac{S}{\Delta W_T} > \frac{\sqrt{3}}{\Delta V_{max}} \sin(\theta' + 30^\circ) = \frac{\sqrt{3} \times 0.9478}{0.02} = 82.1$$

すなわち，片座最大負荷変動の約80倍以上の短絡容量が必要となる．

1·3　製鋼用アーク炉負荷

製鋼用アーク炉

(1) 製鋼用アーク炉の負荷特性

アーク電流

アーク炉は図1·7のように，アーク炉に入れた屑鉄の中に三相電極を挿入し，アーク熱によって屑鉄を溶解精錬するもので，電極の位置および炉用変圧器のタップによってアーク電流を制御する．アーク電流の変動は，屑鉄が溶けはじめてから溶解し終わるまでの溶解期に大きく，その後，溶解した鉄を酸化還元する精錬期には少ない．

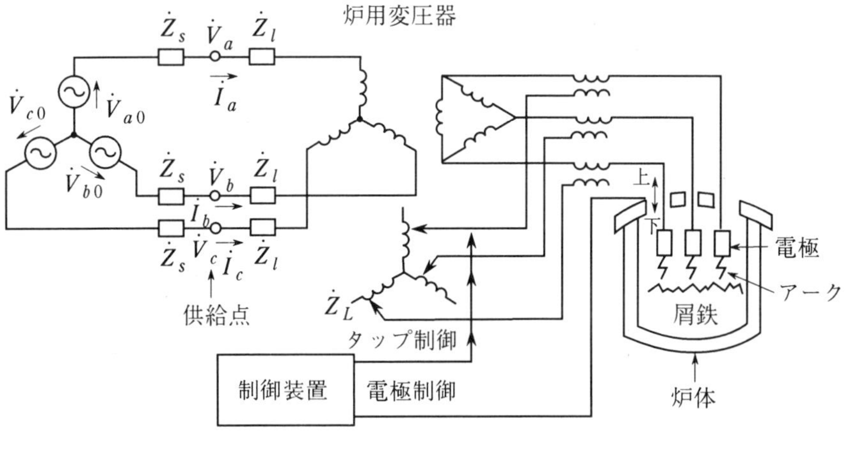

図1·7　製鋼用アーク炉例

アーク炉負荷

アーク炉負荷は，次のような特性をもっている．

(ⅰ) 負荷電流は，0.05～数秒の周期で不規則にはげしく変動する．

(ⅱ) 三相負荷電流が不平衡である．

(ⅲ) 負荷力率が低く，高調波電流を含む．

(2) 電圧変動の予測方法

最大無効電力変動量法

アーク炉の等価回路は図1·8で表わされ，アーク電流の変動は炉抵抗 R_f の変動によるものとみられる．電圧変動率の予測法としては各種の方法があるが，ここでは代表的な最大無効電力変動量法の要点を述べる（付録・2）．

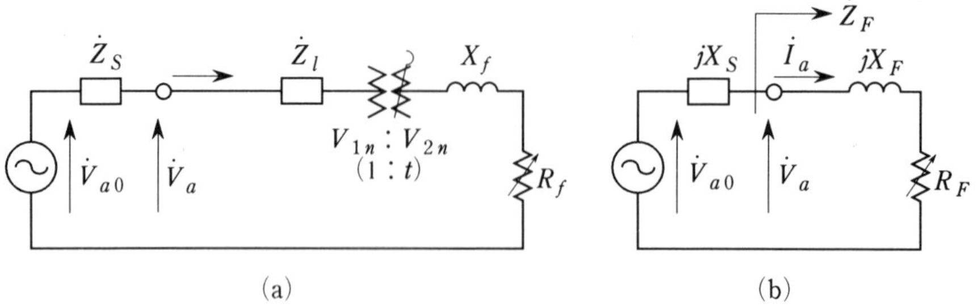

図1・8　アーク炉の等価回路

最大無効電力変動

供給点の最大無効電力変動は次式で求められる．

$$\Delta Q_{\max} = \frac{1\,000}{X_0}\left(\sin^2\theta_S - \sin^2\theta_R\right)\text{〔MVA〕} \tag{1・16}$$

ここに，

X_0：アーク炉の電極から電源側をみたリアクタンス〔10 MVA 基準 %〕

$= X_S + X_F$

X_S：供給点から電源側をみたリアクタンス〔10 MVA 基準 %〕

X_F：供給点からアーク炉側をみたリアクタンス〔10 MVA 基準 %〕

θ_S，θ_R：電極短絡時および平常運転時の回路インピーダンス角

最大電圧変動率

最大電圧変動率は，

$$\Delta V_{\max} \fallingdotseq \frac{\Delta Q_{\max}}{S} \times 100\,\text{〔\%〕} \tag{1・17}$$

S：供給点短絡容量〔MVA〕

ちらつき感（フリッカ）

電気照明のちらつき感（フリッカ）を表わす尺度として用いられる．10 Hz 換算の電圧変動 ΔV_{10} は次の実験式から求められる．

$$\Delta V_{10} \fallingdotseq \frac{\Delta V_{\max}}{3.6}\,\text{〔V〕} \tag{1・18}*$$

〔問題 6〕　短絡容量3 000 MVA の供給点から，炉用変圧器定格容量50 MVA のアーク炉へ供給したとき，供給点の最大電圧変動率 $\Delta V_{\max}$ とフリッカ ΔV_{10} を求めよ．ただし，炉用変圧器を含む炉リアクタンス $X_f = 40$〔% on 50 MVA〕，炉用変圧器の一次，二次定格電圧比 $(V_{Pn}/V_{Sn}) = (154\text{ kV}/500\text{ V})$，運転タップ電圧 $(V_P/V_S) = (154\text{ kV}/450\text{ V})$，電極短絡時および平常時のインピーダンス角 $\sin\theta_S = 1.0$，$\sin\theta_R = 0.6$，アーク炉供給線のインピーダンスは省略する．

〔解答〕　（付録・2）より炉用変圧器タップ比 t は，

$$t = \frac{(450/500)}{(154/154)} = 0.9$$

供給点からアーク炉側をみたリアクタンスは10 MVA 基準で，

$$X_F = \frac{40}{0.9^2} \times \frac{10}{50} = 9.877\,\%$$

電源側リアクタンスは同じく，

$$X_S = \frac{100\times 10}{3\,000} = 0.333\,\%$$

$$\therefore\quad X_0 = X_S + X_F = 10.210\,\%$$

$\sin^2\theta_S = 1.0$，$\sin^2\theta_R = 0.36$であるから（*1·16*），（*1·17*）式より，

$$\Delta Q_{\max} = \frac{1\,000\times(1.0-0.36)}{10.210} = 62.7\text{MVA}$$

$$\Delta V_{\max} \fallingdotseq \frac{62.7}{3\,000}\times 100 = 2.09\,\%$$

$$\Delta V_{10} \fallingdotseq \frac{2.09}{3.6} = 0.58\ \text{V}$$

〔問題 7〕　炉リアクタンス40 %，$\sin\theta_S = 1.0$，$\sin\theta_R = 0.6$のとき，供給点で$\Delta V_{10} < 0.45$ Vとするためには，供給点短絡容量は炉用変圧器容量の何倍程度以上必要か.

〔解答〕　$\Delta V_{\max} < 0.45\times 3.6 = 1.62\,\%$とするためには,（*1·17*），（付*2·12*）式において，$X_F \ll X_F$，$X_0 \fallingdotseq X_F$として，

$$\frac{S}{W_T} > \frac{\sin^2\theta_S - \sin^2\theta_R}{\Delta V_{\max} X_0\text{〔PU on } W_{T\,\text{BASE}}\text{〕}} \fallingdotseq \frac{1.0^2 - 0.6^2}{0.0162\times 0.4} = 98.8$$

すなわち炉用変圧器容量W_Tの100倍程度の短絡容量が必要となる.

1·4　複数変動負荷の合成

図1·9のような2機系統で，ノード1，2に無効電力負荷Q_1，Q_2〔PU〕がある場合，合成電圧降下率は次のようにして求められる.

合成電圧降下率

Q_1によるノード1，2，3の電圧降下率は，

$$\left.\begin{aligned} v_{11d} &= X_{11}Q_1 \\ v_{21d} &= X_{21}Q_1 \\ v_{31d} &= X_{31}Q_1 \end{aligned}\right\} \qquad (1\cdot 19)$$

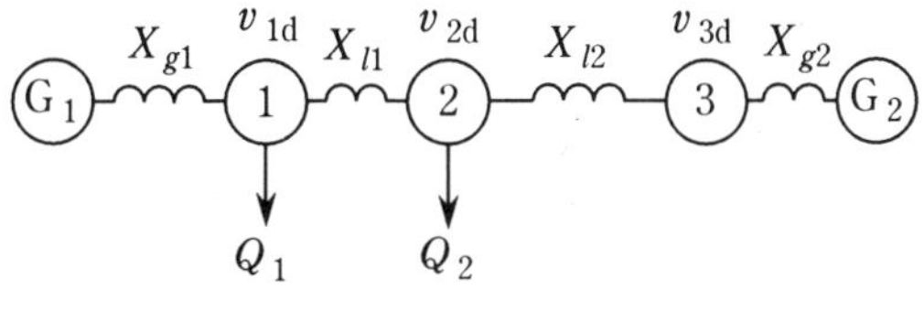

$\left(\begin{aligned} &X_{g1}，X_{g2}：\text{発電機リアクタンス（}X_d'\sim X_d''\text{）} \\ &X_{l1}，X_{l2}：\text{送電線，変圧器リアクタンス} \end{aligned}\right)$

図1·9　2機系統の電圧降下率

ここに，

X_{11}：ノード1の駆動点リアクタンス〔PU〕. これは，各発電機の$X_d'\sim X_d''$背後電圧を0とした回路で，ノード1に単位電流を流入させたときのノード1の電圧に等しい（あるいは，単位法ではノード1の短絡容量の逆数にも等しい）.

X_{12}，X_{13}：ノード1とノード2，3間の伝達リアクタンス〔PU〕．これは，上記回路で，ノード1に単位電流を流入させたときの，ノード2，3の電圧に等しい．

同様に，Q_2による各ノードの電圧降下率は，

$$\left.\begin{aligned} v_{12d} &= X_{12}Q_2 \\ v_{22d} &= X_{22}Q_2 \\ v_{32d} &= X_{32}Q_2 \end{aligned}\right\} \tag{1·20}$$

したがって，Q_1，Q_2を同時に供給したときの合成電圧降下率は．

$$\left.\begin{aligned} v_{1d} &= v_{11d} + v_{12d} \\ v_{2d} &= v_{21d} + v_{22d} \\ v_{3d} &= v_{31d} + v_{32d} \end{aligned}\right\} \tag{1·21}$$

Q_1，Q_2が全く不規則に変動する場合は，v_{11d}，v_{12d}も同様であり，いずれの確率分布も正規分布となる．また，Q_1，Q_2が相互に独立に変動するならv_{11d}，v_{12d}も同様であり，これらの標準偏差の間には次の関係がある．

$$\sigma_{v1d}{}^2 = \sigma_{v11d}{}^2 + \sigma_{v12d}{}^2 \tag{1·22}$$

ここに，

σ_{v1d}，σ_{v11d}，σ_{v12d}：v_{1d}，v_{11d}，v_{12d}の標準偏差，

電圧変動率は標準偏差に比例するから，合成電圧変動率は次のように求められる（図1·10）．

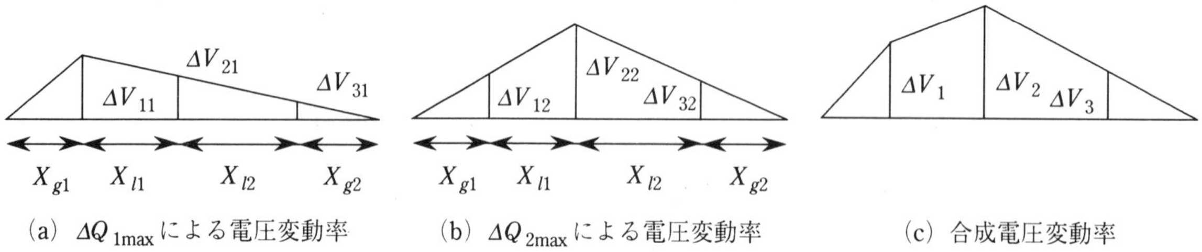

図1·10　2機系統の電圧変動率

$$\left.\begin{aligned} \Delta V_1 &= \sqrt{\Delta V_{11}{}^2 + \Delta V_{12}{}^2} \\ \Delta V_2 &= \sqrt{\Delta V_{21}{}^2 + \Delta V_{22}{}^2} \\ \Delta V_3 &= \sqrt{\Delta V_{31}{}^2 + \Delta V_{32}{}^2} \end{aligned}\right\} \tag{1·23}$$

ここに，

$$\left.\begin{aligned} \Delta V_{11} &= X_{11}\Delta Q_{1\max} \\ \Delta V_{21} &= X_{21}\Delta Q_{1\max} \\ \Delta V_{31} &= X_{31}\Delta Q_{1\max} \end{aligned}\right\} \tag{1·24}$$

$$\left.\begin{aligned} \Delta V_{12} &= X_{12}\Delta Q_{2\max} \\ \Delta V_{22} &= X_{22}\Delta Q_{2\max} \\ \Delta V_{32} &= X_{33}\Delta Q_{2\max} \end{aligned}\right\} \tag{1·25}$$

$\Delta Q_{1\max}$，$\Delta Q_{2\max}$：Q_1，Q_2の最大変動

〔問題 8〕　図1·11の系統で，1，2ノードの最大無効電力変動が10，20 MVarのときノード1の合成最大電圧変動率を求めよ．

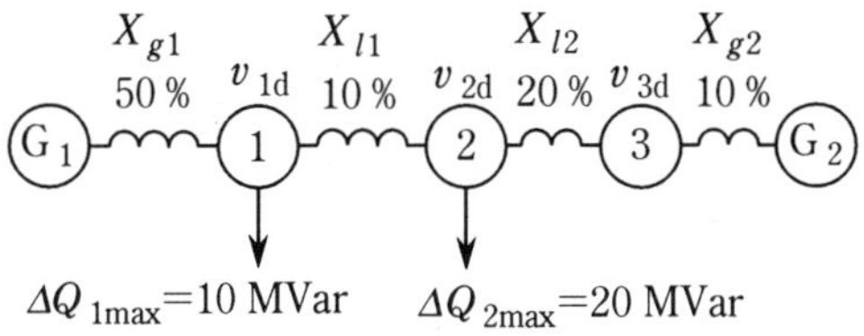

図1·11　2機系統の電圧変動率例

〔解答〕　同図より，ノード1から右側をみたリアクタンスは0.4〔PU〕だから，1 000 MVA基準単位法を用いて，

$$X_{11}=\frac{0.5\times0.4}{0.5+0.4}=0.222\ \mathrm{PU}$$

X_{12}はノード2に1 PUの電流を流し込んだときのノード1の電圧に等しいから，

$$X_{12}=1\times\frac{(0.2+0.1)}{(0.2+0.1)+(0.5+0.1)}\times0.5=0.167\ \mathrm{PU}$$

$$\begin{cases}\Delta V_{11}=X_{11}\Delta Q_{1\max}=0.22\times0.01=0.0222\\ \Delta V_{12}=X_{12}\Delta Q_{2\max}=0.167\times0.02=0.0334\end{cases}$$

したがってノード1の合成最大電圧変動率は，

$$\Delta V_{11}=\sqrt{0.0222^2+0.0334^2}=0.0401\ \mathrm{PU}=4.01\%$$

一般に図1·12のように，同一系統に変動周期が同程度のm個の無効電力変動負荷がある場合，最大無効電力変動$\Delta Q_{j\max}$〔PU〕（$j=1\sim m$）によるノードi（$=1\sim n$）の電圧変動率は，

電圧変動率

$$\Delta V_{ij}=X_{ij}\Delta Q_{j\max} \tag{1·26}$$

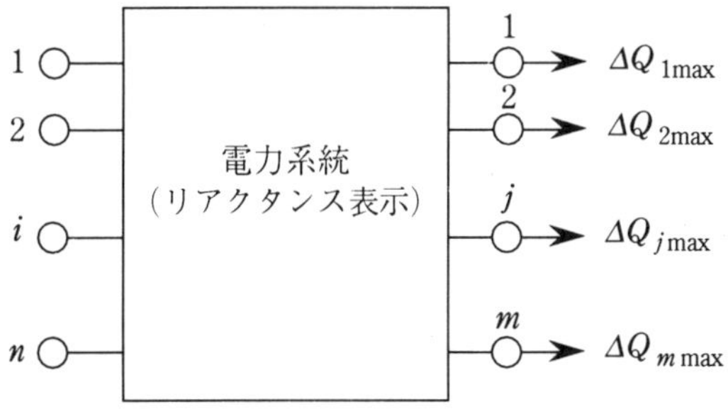

図1·12　複数変動負荷による電圧変動の合成

ここに，

X_{ij}：ノードi，j間の伝達リアクタンス〔PU〕（$i\neq j$）

X_{jj}：ノードjの駆動点リアクタンス〔PU〕

合成最大電圧変動

したがって，m個の変動負荷によるノードiの合成最大電圧変動は，次式より求められる．

$$\Delta V_i=\sqrt{\sum_{j=1}^{m}\Delta V_{ij}^{\,2}}=\sqrt{\sum_{j=1}^{m}\left(X_{ij}Q_{j\max}\right)^2} \tag{1·27}$$

2　電圧変動の影響と防止対策

2･1　電圧変動の影響と許容値

(1) 数分程度の周期の電圧変動

交流電車負荷などによる数分～十数分程度の電圧変動は，電動機の回転むら，整流器の直流側電圧の変動などによる工場製品の品質低下，電子計算機や自動制御システムの不良動作，あるいは変電所の負荷時電圧タップ切換装置の動作頻度の増加による損傷など，電気使用設備の正常な動作に支障を及ぼす恐れがある．電圧変動の許容値は，機器によって異なるが，およそ2～3％程度とされている．＊1, ＊2

(2) 数秒程度以下の周期の電圧変動

アーク炉などによる数秒程度以下の周期の電圧変動は，上記の影響の他に，電気照明器具の光束変化によるフリッカを生じたり，テレビ画面の動揺を生ずる．フリッカの許容値については，わが国ではΔV_{10}の最大値0.45 V，1時間平均値0.32 Vとされている．

2･2　電圧変動防止対策

(1) 変動負荷側の対策

電圧変動
負荷変動

電圧変動は負荷変動にほぼ比例するので，次のようにして負荷変動を減少すれば電圧変動を防止できる．

（ｉ）負荷変動に合せて，電力用コンデンサや分路リアクトルを開閉して，負荷の無効電力変動を補償する．

（ⅱ）アーク炉の場合は，直列リアクトルの挿入や運転電圧タップの低減などを行う．

（ⅲ）負荷の変動ユニットの分割や，負荷制御によって負荷変動を減少する．

＊1　久場　他；東海道新幹線負荷による電圧変動等について（電力中央研究所，技術報告，No. 67029，昭42.7）

＊2　給電専門委員会：電力系統における電圧安定維持対策（電気学会技術報告（Ⅱ部）73号，昭54.1）

(2) 供給系統側の対策

電圧変動　電圧変動は，供給点の短絡容量に反比例するから，次のようにして短絡容量を増加すれば電圧変動を防止できる．

（ⅰ）短絡容量の大きい上位電圧系統または，大電源に近い系統から供給する．

（ⅱ）送電線の多回線化，変圧器の並列台数の増加，直列コンデンサの挿入などによって，電源側インピーダンスを低減する．

（ⅲ）同期調相機を設置して，短絡容量を増加する．

3　逆相電流と電圧不平衡率の計算法

3・1　単相負荷

逆相電流

(1) 逆相電流

図1・5のように，bc相間に $\dot{W}_{bc}=\dot{V}_{bc}\bar{\dot{I}}_b=P$〔kW〕$+jQ$〔kVar〕の単相負荷を接続した場合，各相電流は，

$$\left.\begin{aligned}\bar{\dot{I}}_a&=0\\ \bar{\dot{I}}_b&=-\dot{I}_c=\frac{\overline{\dot{W}}_{bc}}{\bar{\dot{V}}_{bc}}\end{aligned}\right\}\qquad(3\cdot1)$$

逆相電流 $\dot{I}_2$ は，

$$\dot{I}_2=\frac{1}{3}\left(\dot{I}_a+a^2\dot{I}_b+a\dot{I}_c\right)$$

$$=\frac{1}{3}\left\{\left(-\frac{1}{2}-j\frac{\sqrt{3}}{2}\right)\frac{\overline{\dot{W}}_{bc}}{\bar{\dot{V}}_{bc}}+\left(-\frac{1}{2}+j\frac{\sqrt{3}}{2}\right)\left(-\frac{\overline{\dot{W}}_{bc}}{\bar{\dot{V}}_{bc}}\right)\right\}$$

$$=-\frac{j\overline{\dot{W}}_{bc}}{\sqrt{3}\bar{\dot{V}}_{bc}}\text{〔A〕}\qquad(3\cdot2)$$

$$\therefore\quad I_2=\frac{W_{bc}\text{〔kVA〕}}{\sqrt{3}V_{bc}\text{〔kV〕}}\text{〔A〕}\qquad(3\cdot3)$$

図1・5のように，定格容量 W_n〔kVA〕の発電機に W_{bc}〔kVA〕の単相負荷をかけた場合，発電機の定格電流 I_n〔A〕に対する逆相電流の比率は，

$$\frac{I_2}{I_n}=\frac{\left(\dfrac{W_{bc}}{\sqrt{3}V_{bc}}\right)}{\left(\dfrac{W_n}{\sqrt{3}V_{bc}}\right)}=\frac{W_{bc}}{W_n}\text{〔PU〕}=\frac{W_{bc}}{W_n}\times100\text{〔\%〕}\qquad(3\cdot4)\ *$$

この値は，変圧器を通して単相負荷をかけた場合も変わらず，また発電機にかかっている三相平衡負荷（正相電流）の大きさにも影響されない．

〔問題 9〕　定格容量200 MVA の発電機に10 MVA の単相負荷をかけたとき，発電機の定格電流 I_n に対する逆相電流 I_2 の比率を求めよ．

〔解答〕　(3·4) 式より，

$$\frac{I_2}{I_n}=\frac{10}{200}\times100=5\,\%$$

電圧不平衡率

（2）**電圧不平衡率**

供給点から電源側の正相，逆相インピーダンスを$\dot{Z}_1$，$\dot{Z}_2$とすれば，供給点の正相，逆相電圧$\dot{V}_1$，$\dot{V}_2$は，a相電源内部をV_{a0}として，

$$\left.\begin{aligned} \dot{V}_1 &= V_{a0} - \dot{Z}_1\dot{I}_1 \\ \dot{V}_2 &= -\dot{Z}_2\dot{I}_2 = \frac{j\dot{Z}_2\overline{\dot{W}_{bc}}}{\sqrt{3}\overline{\dot{V}_{bc}}} \end{aligned}\right\} \qquad (3\cdot5)$$

単相負荷は，通常，発電機定格容量の10 % 程度以下であり，$\dot{Z}_1\dot{I}_1$はV_{a0}に比べて充分小さいので，近似的にこれを無視すれば，$\dot{V}_1 \fallingdotseq V_{a0} \fallingdotseq \dfrac{V_{bc}}{\sqrt{3}}$ となるから，電圧不平衡率Uは，

$$U \equiv \frac{V_2}{V_1} \fallingdotseq \frac{Z_2[\Omega]W_{bc}[\mathrm{MVA}]}{(V_{bc}[\mathrm{kV}])^2} \qquad (3\cdot6)\ *$$

発電機の逆相リアクタンスX_2は，初期過渡リアクタンスX_d''にほぼ等しいから，供給点の短絡容量Sは，

$$S \fallingdotseq \frac{(V_{bc}[\mathrm{kV}])^2}{Z_2[\Omega]}[\mathrm{MVA}] \qquad (3\cdot7)$$

(3·6)，(3·7) 式より，

$$U \fallingdotseq \frac{W_{bc}[\mathrm{MVA}]}{S[\mathrm{MVA}]}[\mathrm{PU}] = \frac{W_{bc}[\mathrm{MVA}]}{S[\mathrm{MVA}]} \times 100[\%] \qquad (3\cdot8)\ *$$

(3·6) 式で，通常 $V_1 \fallingdotseq 1\mathrm{PU}$ であるから，単位法では，

$$U \fallingdotseq V_2\ [\mathrm{PU}] \qquad (3\cdot9)\ *$$

となる．

〔問題 10〕　〔問題 9〕の系統で，発電機の電圧不平衡率Uを求めよ．ただし，発電機の$X_2 \fallingdotseq X_d'' = 25$ %（定格容量基準）とする．

〔解答〕　発電機の短絡容量は，

$$S = \frac{200}{0.25} = 800\ \mathrm{MVA}$$

$$\therefore\ \ U = \frac{10}{800} \times 100 = 1.25\ \%$$

3・2　一般的不平衡負荷

逆相電流

図3・1のように，ab，bc，ca相間に$\dot{W}_{ab} = P_{ab} + jQ_{ab}$，$\dot{W}_{bc} = P_{bc} + jQ_{bc}$，$\dot{W}_{ca} = P_{ca} + jQ_{ca}$ の三相不平衡負荷がかかっているとき，逆相電流は，

$$\dot{I}_2=\dot{I}_{2ab}+\dot{I}_{2bc}+\dot{I}_{2ca} \tag{3·10}$$

ただし，$\dot{I}_{2ab}$，$\dot{I}_{2bc}$，$\dot{I}_{2ca}$：$\dot{W}_{ab}$，$\dot{W}_{bc}$，$\dot{W}_{ca}$ による逆相電流

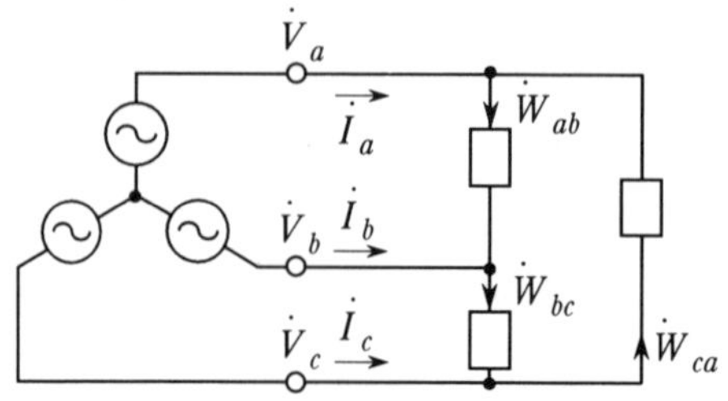

図3・1　三相不平衡負荷

$\dot{W}_{ab}$のみの場合は，

$$\left.\begin{aligned}&\dot{I}_a=-\dot{I}_b=\frac{\overline{\dot{W}_{ab}}}{\overline{\dot{V}_{ab}}}\\&\dot{I}_c=0\end{aligned}\right\} \tag{3·11}$$

$$\therefore\quad \dot{I}_{2ab}=\frac{1}{3}\left\{\left(\frac{\overline{\dot{W}_{ab}}}{\overline{\dot{V}_{ab}}}\right)+\left(-\frac{1}{2}-\frac{j\sqrt{3}}{2}\right)\left(-\frac{\overline{\dot{W}_{ab}}}{\overline{\dot{V}_{ab}}}\right)\right\}$$

$$=\frac{1}{\sqrt{3}}\left(\frac{\sqrt{3}}{2}+\frac{j}{2}\right)\left(\frac{\overline{\dot{W}_{ab}}}{\overline{\dot{V}_{ab}}}\right)=\frac{\varepsilon^{j\frac{\pi}{6}}}{\sqrt{3}}\left(\frac{\overline{\dot{W}_{ab}}}{\overline{\dot{V}_{ab}}}\right) \tag{3·12}$$

$\dot{W}_{ca}$のみの場合は，

$$\left.\begin{aligned}&\dot{I}_c=-\dot{I}_a=\frac{\overline{\dot{W}_{ca}}}{\overline{\dot{V}_{ca}}}\\&\dot{I}_b=0\end{aligned}\right\} \tag{3·13}$$

$$\therefore\quad \dot{I}_{2ca}=\frac{1}{3}\left\{-\left(\frac{\overline{\dot{W}_{ca}}}{\overline{\dot{V}_{ca}}}\right)+\left(-\frac{1}{2}+\frac{j\sqrt{3}}{2}\right)\left(\frac{\overline{\dot{W}_{ca}}}{\overline{\dot{V}_{ca}}}\right)\right\}$$

$$=\frac{1}{\sqrt{3}}\left(-\frac{\sqrt{3}}{2}+\frac{j}{2}\right)\left(\frac{\overline{\dot{W}_{ca}}}{\overline{\dot{V}_{ca}}}\right)=\frac{\varepsilon^{j\frac{5\pi}{6}}}{\sqrt{3}}\left(\frac{\overline{\dot{W}_{ca}}}{\overline{\dot{V}_{ca}}}\right) \tag{3·14}$$

また，(3·2) 式より，

$$\dot{I}_{2bc}=-\frac{j\overline{\dot{W}_{bc}}}{\sqrt{3}\overline{\dot{V}_{bc}}} \tag{3·15}$$

a相電圧$\dot{V}_a$を位相基準にとれば，

$$\left.\begin{aligned}&\overline{\dot{V}_{ab}}=V_{ab}\varepsilon^{-j\frac{\pi}{6}}\\&\overline{\dot{V}_{bc}}=jV_{bc}\\&\overline{\dot{V}_{ca}}=V_{ca}\varepsilon^{-j\frac{5\pi}{6}}\end{aligned}\right\} \tag{3·16}$$

電圧不平衡率が数％以下の場合は，$V_{ab} \fallingdotseq V_{bc} \fallingdotseq V_{ca}$ であるから，(*3·10*)，(*3·12*)，(*3·14*) ～ (*3·16*) 式より，

$$\dot{I}_2 \fallingdotseq \frac{\overline{\dot{W}}_S}{\sqrt{3}V_{bc}} \tag{3·17}$$ *

ここに，

$$\begin{aligned}\overline{\dot{W}}_S &= \sqrt{3}V_{bc}\dot{I}_2 = \varepsilon^{j\frac{\pi}{3}}\overline{\dot{W}}_{ab} - \overline{\dot{W}}_{bc} + \varepsilon^{j\frac{5\pi}{3}}\overline{\dot{W}}_{ca} \\ &= \left(\frac{1}{2} + \frac{j\sqrt{3}}{2}\right)\overline{\dot{W}}_{ab} - \overline{\dot{W}}_{bc} + \left(\frac{1}{2} - \frac{j\sqrt{3}}{2}\right)\overline{\dot{W}}_{ca}\end{aligned} \tag{3·18}$$ *

等価単相負荷

$\dot{W}_S$は等価単相負荷であり，図3·2のような作図でも求められる．三相平衡負荷の場合は $\overline{\dot{W}}_{ab} = \overline{\dot{W}}_{bc} = \overline{\dot{W}}_{ca}$ で，$\overline{\dot{W}}_S = 0$ となる．

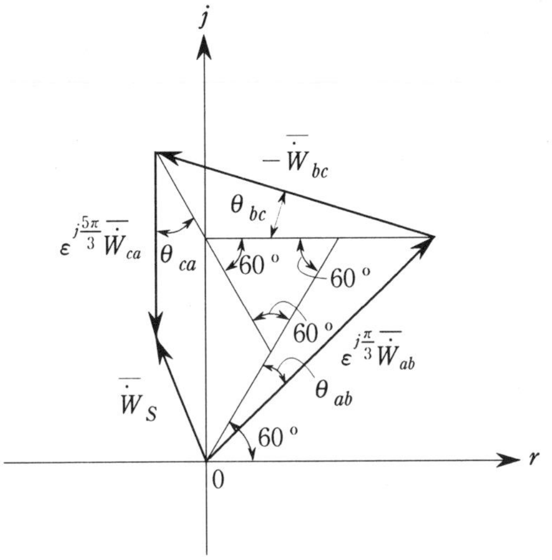

図3·2　等価単相負荷の求め方

特に図3·3 (a) のV結線変圧器負荷のように，$\dot{W}_{ab}$，$\dot{W}_{bc}$のみで，$\dot{W}_{ca} = 0$ の場合は，$\dot{W}_{ab}$，$\dot{W}_{bc}$の負荷力率が等しければ，図3·3 (b) より，

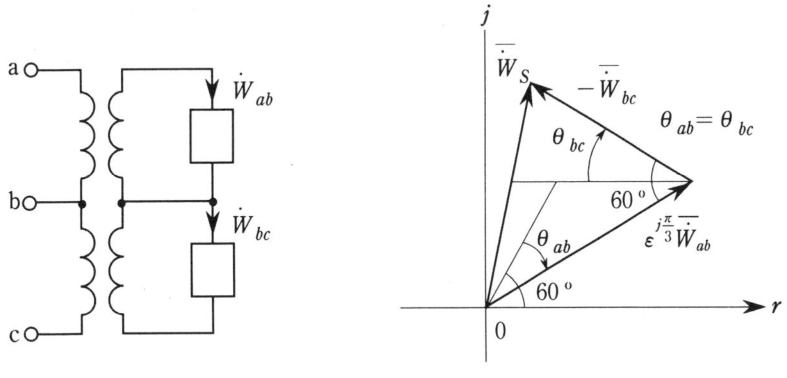

(a) 二相負荷　　(b) ベクトル図

図3·3　二相負荷の等価単相負荷

$$\begin{aligned}W_S &= \sqrt{W_{ab}{}^2 + W_{bc}{}^2 - 2W_{ab}W_{bc}\cos 60^\circ} \\ &= \sqrt{W_{ab}{}^2 + W_{bc}{}^2 - W_{ab}W_{bc}}\end{aligned} \tag{3·19}$$ *

(3·17) 式を，W_B〔kVA〕，V_{bcB}〔kV〕，I_B〔A〕$= \dfrac{W_B}{\sqrt{3}V_{bcB}}$ の基準の単位法で表わせば，

$$I_2〔PU〕= \frac{I_2〔A〕}{I_B〔A〕} = \left(\frac{W_S}{\sqrt{3}V_{bc}}\right) \Big/ \left(\frac{W_B}{\sqrt{3}V_{bcB}}\right)$$

$$= \frac{(W_S/W_B)}{(V_{bc}/V_{bcB})} = \frac{W_S〔PU〕}{V_{bc}〔PU〕} \fallingdotseq \frac{W_S〔PU〕}{V_a〔PU〕} \qquad (3·20)$$

供給点電圧が，基準値に近いときは，V_{ab}〔PU〕$\fallingdotseq V_a$〔PU〕$\fallingdotseq$1 PU であるから，

$$I_2〔PU〕\fallingdotseq W_S〔PU〕 \qquad (3·21)\ *$$

すなわち電圧の不平衡率が小さく各相電圧が基準値に近いとき，単位法では，逆相電流は等価単相負荷とほぼ等しい値となる．

逆相電流

定格容量W_n〔MVA〕の発電機に，W_S〔MVA〕の等価単相回路をかけたとき，発電機定格電流I_n〔A〕に対する逆相電流の比率は，

$$\frac{I_2}{I_n} = \frac{W_S}{W_n}〔PU〕= \frac{W_S}{W_n} \times 100〔\%〕 \qquad (3·22)\ *$$

短絡容量S〔MVA〕の母線から，W_Sを供給したときの電圧不平衡率は，

$$U = \frac{W_S}{S}〔PU〕= \frac{W_S}{S} \times 100〔\%〕 \qquad (3·23)\ *$$

〔問題 11〕　定格容量200 MVA の発電機の各相間に次のような不平衡負荷をかけたとき，発電機の定格電流に対する逆相電流の比率を求めよ．

ab 相間　10 MW

bc 相間　10 MW ＋ j5 MVar

ca 相間　j5 MVar

〔解答〕　(3·18)，(3·22) 式より，

$$\overline{\dot{W}_S} = \left(\frac{1}{2} + \frac{j\sqrt{3}}{2}\right) \times 10 - (10 - j5) + \left(\frac{1}{2} - \frac{j\sqrt{3}}{2}\right) \times (-j5)$$

$$= 14.5\angle 123.3^\circ〔MVA〕$$

$$\therefore\ \frac{I_2}{I_n} = \frac{14.5}{200} \times 100 = 7.3\ \%$$

3·3　交流電車負荷

a 相電圧$\dot{V}_a$を位相基準として，スコット結線負荷の一次側逆相電流I_{a2}は，(1·5)，(1·9) 式より，

$$I_{a2} = \frac{I_{TP} - I_{MP}}{\sqrt{3}\varepsilon^{j\theta}}$$

$$= \frac{W_T - W_M}{\sqrt{3}V_P\varepsilon^{j\theta}} \qquad (3·24)$$

ここに，θ: M，T座負荷の力率角

等価単相負荷

したがって等価単相負荷W_Sは，

$$W_S=\sqrt{3}V_P I_{a2}=|W_M-W_T| \quad (3\cdot 25)\ *$$

電圧不平衡率

供給点の短絡容量がS〔MVA〕のとき，電圧不平衡率は，

$$U=\frac{W_S}{S}=\frac{|W_M-W_T|}{S}\text{〔PU〕} \quad (3\cdot 26)\ *$$

W_M，W_Tが，それぞれ独立に，$W_{M\max}\sim W_{M\min}$，$W_{T\max}\sim W_{T\min}$の間に変動するとき，W_Sの最大値は，

$$W_{S\max}=W_{M\max}-W_{T\min} \quad (3\cdot 27)$$

通常，$W_{M\max}\fallingdotseq W_{T\max}$ だから，

$$W_{S\max}\fallingdotseq \Delta W_T \quad (3\cdot 28)$$

$$\therefore\quad U_{\max}=\frac{W_{S\max}}{S}\fallingdotseq\frac{\Delta W_T}{S}\text{〔PU〕} \quad (3\cdot 29)$$

(*1·15*)，(*3·29*)式より，

$$\Delta V_{\max}\fallingdotseq\sqrt{3}U_{\max}\sin(\theta'+30^\circ) \quad (3\cdot 30)$$

通常$\cos\theta'=0.7\sim 0.8$，$\theta'=45\sim 37^\circ$のとき$\sin(\theta'+30^\circ)=0.97\sim 0.92\fallingdotseq 1$であるから，

$$\Delta V_{\max}\fallingdotseq\sqrt{3}U_{\max} \quad (3\cdot 31)\ *$$

〔問題 12〕　短絡容量500 MVAの母線から，M，T座負荷が，相互に独立に，0～10 MVAの間を変動するスコット結線負荷に供給するとき，供給母線の最大電圧不平衡率$U_{\max}$を求めよ．

〔解答〕（*3·29*）式において$W_{S\max}=10$ MVAとして，$U_{\max}=\dfrac{10}{200}=0.020$ PU

$=2.0\,\%$

3·4　製鋼用アーク炉負荷

アーク炉の最大逆相電流は，(付*2·17*)式より，

$$I_{2\max}\fallingdotseq\frac{V_{a0}\text{〔PU〕}}{2X_0\text{〔PU〕}}\text{〔PU on }W_T\text{ 基準〕} \quad (3\cdot 32)$$

ここに，

X_0: アーク炉の電極から電源側をみたリアクタンス（炉用変圧器容量W_T，定格電圧基準単位法）

最大等価単相負荷

最大等価単相負荷は，

$$W_{S\max}=V_{a0}\text{〔PU〕}I_{2\max}\text{〔PU〕}$$

$$=\frac{\left(V_{a0}\,[\mathrm{PU}]\right)^2}{2X_0\,[\mathrm{PU}]}\,[\mathrm{PU\ on}\ W_T\ \text{基準}]$$

$$\fallingdotseq\frac{W_T\,[\mathrm{MVA}]}{2X_0\,[\mathrm{PU\ on}\ W_T\ \text{基準}]}\,[\mathrm{MVA}]\ (V_{a0}\fallingdotseq 1\,\mathrm{PU}\ \text{のとき}) \qquad (3\cdot 33)$$

〔問題 13〕　短絡容量 1 000 MVA の供給点から，炉変圧器容量 20 MVA のアーク炉に供給するとき最大等価単相負荷 $W_{S\max}$ および最大電圧不平衡率 $U_{\max}$ を求めよ．ただし，アーク炉リアクタンス X_F は 20 MVA 基準で 40 % とする．

〔解答〕　電源側リアクタンス X_S は，

$$X_S=\frac{20}{1\,000}\times 100=2\,[\%\ \mathrm{on}\ 20\ \mathrm{MVA}\ \text{基準}]$$

$X_0=X_S+X_F=2+40=42\,[\%\ \mathrm{on}\ 20\ \mathrm{MVA}\ \text{基準}]$ だから，$(3\cdot 33)$ 式より，

$$W_{S\max}=\frac{20}{2\times 0.42}=23.8\ \mathrm{MVA}$$

$$U_{\max}=\frac{23.8}{1\,000}\times 100=2.38\ \%$$

3·5　送変電設備の三相不平衡

送電線や変圧器などのインピーダンスが，三相不平衡の場合は，三相電圧，電流が不平衡となり逆相電流を生ずる（図 3·4）．

逆相電流

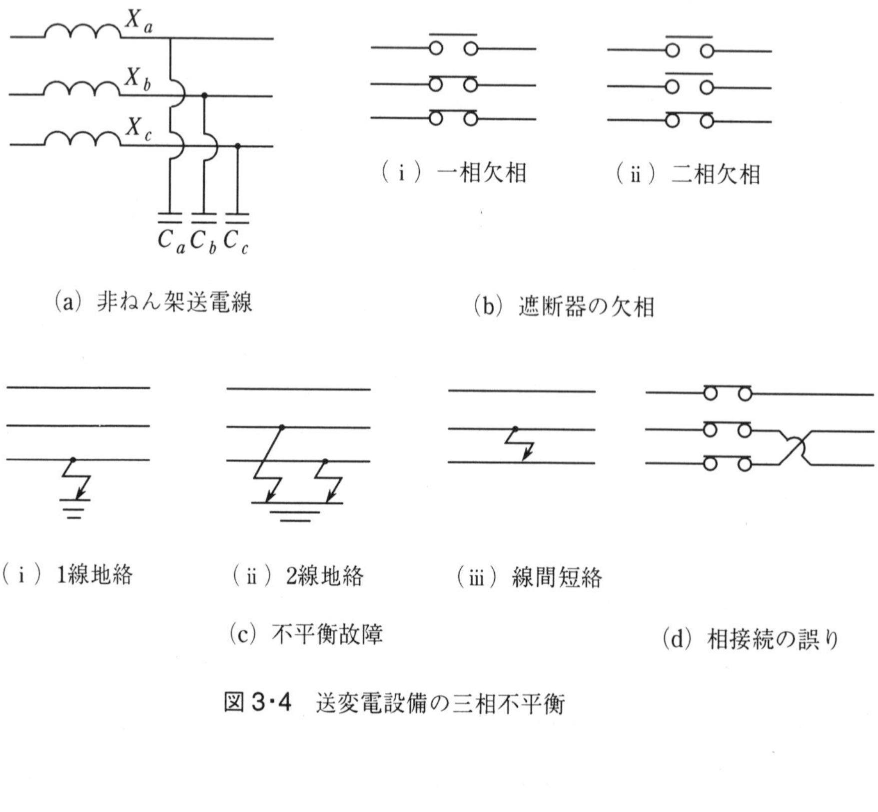

図 3·4　送変電設備の三相不平衡

(1) 非ねん架送電線

非ねん架送電線は，三相のリアクタンスや静電容量が不平衡となり，逆相電流を生ずる．

(2) 遮断器などの欠相または断線

遮断器や断路器が，一相または二相欠相状態となったり，送電線が一相または二相断線すると逆相電流を生ずる．

(3) 不平衡故障

1線地絡，2線地絡または線間短絡時には逆相電流が流れるが，通常，故障区間は短時間に遮断されるため，断続時間は短い．

(4) 相接続の誤り

異系統またはループ系統並列時に，相接続を誤ると短絡電流に近い大きな逆相電流が流れる．

3･6　複数不平衡負荷の合成

逆相電流

不平衡負荷から発生した逆相電流は，電力系統の逆相インピーダンスに応じて分布する．

通常，負荷の逆相インピーダンスは発電機のそれに比べて充分大きいので，逆相電流は近似的に発電機（正しくは同期機）の逆相インピーダンスに応じて分流すると考えられる．同期機の逆相リアクタンスX_2は，次過渡リアクタンス$X_d{}''$にほぼ等しいから，逆相電流の分布は，短絡電流の分布にほぼ等しくなる（図3･5，図3･6）．

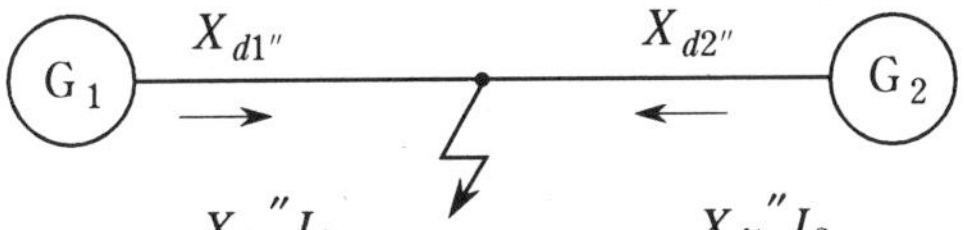

$$I_{S1}=\frac{X_{d2}{}''I_S}{X_{d1}{}''+X_{d2}{}''}\qquad I_S\qquad I_{S2}=\frac{X_{d1}{}''I_S}{X_{d1}{}''+X_{d2}{}''}$$

図3･5　短絡電流分布

$$\dot{I}_{21}=\frac{X_{22}\dot{I}_2}{X_{21}+X_{22}}\fallingdotseq\frac{I_{S1}\dot{I}_2}{I_{S1}+I_{S2}}\qquad \dot{I}_2\qquad \dot{I}_{22}=\frac{X_{21}\dot{I}_2}{X_{21}+X_{22}}\fallingdotseq\frac{I_{S2}\dot{I}_2}{I_{S1}+I_{S2}}$$

図3･6　逆相電流分布

〔問題 14〕　図3･7（a）の系統で，母線①から 100 MVA の単相負荷を供給したとき，母線①の電圧不平衡Uと，定格容量 400 MVA の発電機G_1の定格電流に対する逆相電流の比率I_2/I_nを求めよ．ただし母線①の短絡容量の分布は同図（b）のとおりとする．

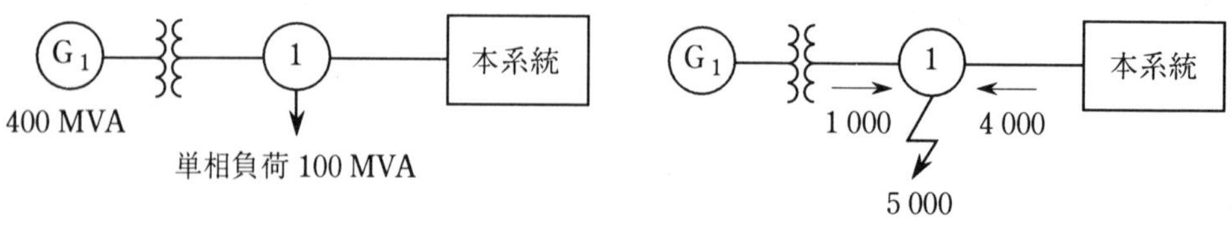

(a) 供給系統　　(b) 短絡電流分布〔MVA〕

図3·7　逆相電流分布例

〔解答〕　(3·23) 式より,

$$U=\frac{100}{5\,000}\times 100=2.0\ \%$$

G_1に分流する単相負荷は,

$$W_S=100\times\frac{100}{5\,000}=20\ \text{MVA}$$

したがって (3·22) 式より,

$$\frac{I_2}{I_n}=\frac{20}{400}\times 100=5.0\%$$

等価単相負荷 $\dot{W}_{Sj}=P_{Sj}+iQ_{Sj}$〔PU〕によるノード$i$の逆相電圧$\dot{V}_{2ij}$〔PU〕は, $\dot{W}_{Sj}$供給ノードjのa相電圧（≒1 PU）を位相基準として,

$$\dot{V}_{2ij}=\dot{Z}_{2ij}\overline{\dot{W}_{Sj}} \tag{3·34}$$

ここに, $\dot{Z}_{2ij}$: 逆相回路において, ノードi, j間の伝達インピーダンス〔PU〕

同系統にm個の等価単相負荷 $\dot{W}_{Sj}$〔PU〕($j=1\sim m$) がある場合, 近似的にこれらの供給点の電圧相差角を零とみなせば, ノードiの合成逆相電圧は,

合成逆相電圧

$$\dot{V}_{2i}=\sum_{j=1}^{m}\dot{V}_{2ij}=\sum_{j=1}^{m}\dot{Z}_{2ij}\overline{\dot{W}_{Sj}}\ \text{〔PU〕} \tag{3·35}^*$$

特に等価単相負荷の力率が等しい場合は, 逆相回路の抵抗分も省略して, 逆相リアクタンスで構成される等価直流回路において,

$$V_{2i}=\sum_{j=1}^{m}\dot{X}_{2ij}W_{Sj}\ \text{〔PU〕} \tag{3·36}$$

ここに, X_{2ij}: 逆相回路におけるノードi, j間の伝達リアクタンス〔PU〕

また, 交流電車やアーク炉のように, 逆相電流の大きさや位相角が不規則に変化する場合は, 近似的に2乗和の平方根として, 次のように求められる.

$$V_{2i}=\sqrt{\sum_{j=1}^{m}\left(X_{2ij}W_{Sj}\right)^2}\ \text{〔PU〕} \tag{3·37}$$

電圧不平衡

逆相電流

電圧不平衡は, $V_1≒1$ PUのときは (3·9) 式により, $U_1≒V_{2i}$〔PU〕として求められる.

発電機kの逆相電流I_{2Gk}〔PU〕は, 発電機端子の逆相電圧をV_{2Gk}〔PU〕とすれば,

$$I_{2Gi}=\frac{V_{2Gk}}{X_{2Gk}} \tag{3·38}$$

ここに，X_{2Gk}：発電機kの逆相リアクタンス

〔問題 15〕　図1·11の系統で，ノード1，2から，最大50，90 MVA の単相負荷を供給したとき，次の2ケースについて，各ノードの電圧不平衡率と，発電機G_1，G_2に流れる単相負荷を求めよ．

(1) 単相負荷の大きさが一定で，力率が等しい場合

(2) 単相負荷が，零から最大値の間を不規則に変動する場合

〔解答〕　(a) 負荷1の影響

負荷1によるG_1，G_2の単相負荷W_{S11}，W_{S21}は，

$$\begin{cases} W_{S11}=\dfrac{0.4}{0.5+0.4}\times 50=22.2\ \mathrm{MVA} \\ W_{S21}=\dfrac{0.5}{0.5+0.4}\times 50=27.8\ \mathrm{MVA} \end{cases}$$

ノード1，2，3の電圧不平衡率U_{11}，U_{21}，U_{31}は，

$$\begin{cases} U_{11}=0.5\times 0.0222=0.0111\ \mathrm{PU} \\ U_{21}=0.3\times 0.0278=0.0083\ \mathrm{PU} \\ U_{31}=0.1\times 0.0278=0.0028\ \mathrm{PU} \end{cases}$$

(b) 負荷2の影響

$$\begin{cases} W_{S12}=\dfrac{0.3}{0.6+0.3}\times 90=30\ \mathrm{MVA} \\ W_{S22}=\dfrac{0.6}{0.6+0.3}\times 90=60\ \mathrm{MVA} \end{cases}$$

$$\begin{cases} U_{12}=0.5\times 0.03=0.015\ \mathrm{PU} \\ U_{22}=0.6\times 0.03=0.018\ \mathrm{PU} \\ U_{32}=0.1\times 0.06=0.006\ \mathrm{PU} \end{cases}$$

(c) 負荷1，2の影響

(1) 一定負荷の場合（算術和）

$$\begin{cases} W_{S1}=22.2+30=52.2\ \mathrm{MVA} \\ W_{S2}=27.8+60=87.8\ \mathrm{MVA} \end{cases}$$

$$\begin{cases} U_1=0.0111+0.015=0.0261\ \mathrm{PU}\fallingdotseq 2.6\ \% \\ U_2=0.0083+0.018=0.0263\ \mathrm{PU}\fallingdotseq 2.6\ \% \\ U_3=0.0028+0.006=0.0068\ \mathrm{PU}\fallingdotseq 0.9\ \% \end{cases}$$

(2) 変動負荷の場合（ピタゴラス和）

$$\begin{cases} W_{S1}=\sqrt{22.2^2+30^2}=37.3\ \mathrm{MVA} \\ W_{S2}=\sqrt{27.8^2+60^2}=66.1\ \mathrm{MVA} \end{cases}$$

$$\begin{cases} U_1=\sqrt{0.0111^2+0.015^2}=0.0187\ \mathrm{PU}\fallingdotseq 1.9\ \% \\ U_2=\sqrt{0.0083^2+0.018^2}=0.0198\ \mathrm{PU}\fallingdotseq 2.0\ \% \\ U_3=\sqrt{0.0028^2+0.006^2}=0.0066\ \mathrm{PU}\fallingdotseq 0.7\ \% \end{cases}$$

4　不平衡負荷の影響と防止対策

4・1　不平衡負荷の影響と許容値

(1) 逆相電流の影響

不平衡負荷 発電機

電力供給設備のうち，不平衡負荷によって最も影響をうけるのは発電機である．発電機に逆相電流が流れると，回転子と逆方向の回転磁界を生じて回転子回路に基本周波数の2倍の周波数の電流が流れ，突極機の制動巻線，円筒機の界磁巻線をとめているくさびや回転子表面を過熱して強度の低下を招いたり，機械的振動を生ずる恐れがある．

逆相電流の許容値

逆相電流の許容値は個々の発電機の設計によって異なるが，およそ次の程度とされている．

(a) 連続許容値　電機子電流が，いずれの相も定格電流を超過せず，かつ，逆相電流の定格電流に対する比が，**表4・1**に示す値を超過しないこと，すなわち逆相電流は定格電流の5～10％程度とされている．

表4・1　同期発電機の逆相電流の連続許容値

出典	円筒機	突極機	備考
(1) IEC（国際電気標準会議）規格34－1（1969年）	8％	12％	・左記は，100 MWA以下の発電機の場合・100 MW以上の場合は，メーカとユーザの協定による．
(2) CIGRE（国際電力技術会議，1972年）	(a) 間接冷却　10％ (b) 直接冷却 960 MVA以下　8％ 960～1 200 MVA以下 6％ 1 200～1 500 MVA以下 5％	10％	・アメリカから，National American Standard Instituteの標準案として提案されたもの．

(b) 短時間許容値　タービン発電機について，120秒程度の短時間許容値は，

$$\left(\frac{I_2}{I_n}\right)^2 t \leq 10 \sim 30 \qquad (4\cdot 1)$$

I_n：電機子定格電流〔A〕

I_2：電機子逆相電流〔A〕

t　：I_2継続時間〔s〕

すなわち，10秒程度なら，定格電流の$\sqrt{1} \sim \sqrt{3} \fallingdotseq 1 \sim 1.7$倍の逆相電流が流せる．

（2）電圧不平衡の影響

不平衡負荷
三相誘導電動機
電圧不平衡

一般需要家設備のうち，不平衡負荷によって最も影響をうけるものは三相誘導電動機である．その逆相インピーダンスは，正相インピーダンスの20％程度と小さく，わずかの逆相電圧でも相当の逆相電流が流れて温度上昇を生じ，著しくなれば有効トルクを減少する．誘導電動機の電圧不平衡による温度上昇試験の結果によれば，電圧不平衡率5％程度以内ならば，温度上昇は平衡電圧の場合に比べて10％程度以下で，おおむね製作上の裕度以内とされている*1.

わが国では，交流式電気鉄道の単相負荷による電圧不平衡により，電力系統設備に障害を及ぼさないように，受電点における電圧不平衡率は，3％を限度と定められている*2. 電圧不平衡率は，単相結線変圧器では（*3·8*）式，V結線負荷では（*3·19*），（*3·23*）式，スコット結線変圧器では（*3·26*）式によって求められる．

4·2　逆相電流と電圧不平衡率の測定

（1）逆相電流の測定

逆相電流

逆相電流$\dot{I}_2$は，三相電流$\dot{I}_a$，$\dot{I}_b$，$\dot{I}_c$から，

$$\dot{I}_2=\frac{1}{3}\left(\dot{I}_a+a^2\dot{I}_b+a\dot{I}_c\right) \qquad (4\cdot 2)$$

として求められ，専用の逆相電流計も使われている．零相電流が零の場合は，三相電流の大きさから，次式によって逆相電流が求められる（付録・3）.

$$I_2=\sqrt{\frac{A_i-\sqrt{3\left(4B_i-A_i{}^2\right)}}{6}} \qquad (4\cdot 3)\,*$$

ここに，

$$A_i=I_a{}^2+I_b{}^2+I_c{}^2$$

$$B_i=I_a{}^2I_b{}^2+I_b{}^2I_c{}^2+I_c{}^2I_a{}^2$$

〔問題 16〕　$I_a=10$ A，$I_b=6$ A，$I_c=8$ Aのとき，逆相電流の大きさを求めよ．ただし，零相電流は零とする．

〔解答〕　（*4·3*）式において，

$$A_i=10^2+6^2+8^2=200$$

$$B_i=10^2\times 6^2+6^2\times 8^2+8^2\times 10^2=12\,304$$

$$\therefore\quad I_2=\sqrt{\frac{200-\sqrt{3\left(4\times 12\,304-200^2\right)}}{6}}=2.37\ \text{A}$$

＊1　電気学会：電気鉄道ハンドブック（昭37.9）

＊2　電気設備に関する技術基準（第272条，告示第47条，昭40.6）

(2)　電圧不平衡の測定

正相電圧

正相電圧$\dot{V}_1$は線間電圧$\dot{V}_{ab}$，$\dot{V}_{bc}$，$\dot{V}_{ca}$から次式によって求められる．

$$\dot{V}_1=\frac{1}{3}\left(\dot{V}_a+a\dot{V}_b+a^2\dot{V}_c\right)$$

$$=\frac{1}{3}\left\{\dot{V}_a+\left(-\frac{1}{2}+\frac{j\sqrt{3}}{2}\right)\dot{V}_b+\left(-\frac{1}{2}-\frac{j\sqrt{3}}{2}\right)\dot{V}_c\right\}$$

$$=\frac{1}{6}\left(\dot{V}_{ab}-\dot{V}_{ca}+j\sqrt{3}\dot{V}_{bc}\right) \tag{4·4}$$

逆相電圧

同様に逆相電圧$\dot{V}_2$は，

$$\dot{V}_2=\frac{1}{3}\left(\dot{V}_a+a^2\dot{V}_b+a\dot{V}_c\right)$$

$$=\frac{1}{6}\left(\dot{V}_{ab}-\dot{V}_{ca}-j\sqrt{3}\dot{V}_{bc}\right) \tag{4·5}$$

電圧不平衡率

となり，(*4·4*)，(*4·5*) 式の比として電圧不平衡率が求められる．また，線間電圧の大きさから，次式によって求めることもできる（付録・3）．

$$U=\frac{V_2}{V_1}=\sqrt{\frac{A_v-\sqrt{3\left(4B_v-A_v{}^2\right)}}{A_v+\sqrt{3\left(4B_v-A_v{}^2\right)}}} \tag{4·6} *$$

ここに，

$$A_v=V_{ab}{}^2+V_{bc}{}^2+V_{ca}{}^2$$

$$B_v=V_{ab}{}^2V_{bc}{}^2+V_{bc}{}^2V_{ca}{}^2+V_{ca}{}^2V_{ab}{}^2$$

〔問題 17〕　線間電圧が，$V_{ab}=110$ V，$V_{bc}=104$ V，$V_{ca}=108$ Vのとき，電圧不平衡率Uを求めよ．

〔解答〕　(*4·6*) 式より，

$$A_v=110^2+104^2+108^2=3.4580\times10^4$$

$$B_v=110^2\times104^2+104^2\times108^2+108^2\times110^2=3.9817\times10^8$$

$$\therefore\quad U=0.033\ \mathrm{PU}=3.3\ \%$$

4·3　電圧・電流の平衡化対策

電力系統の電圧・電流の不平衡は，いったん発生した後においてはその発生源を究明し難く，特に一次系統においてはその影響が広範囲に及ぶので，できるだけ未然に防止する必要がある．大形不平衡負荷は，できるだけ三相平衡するような負荷構成とし，他に影響を及ぼす恐れのある場合は，無効電力補償装置によって三相平衡化する必要がある．図4·1のように，bc間にP〔MW〕$+jQ$〔MVar〕の単相負荷がある場合には，

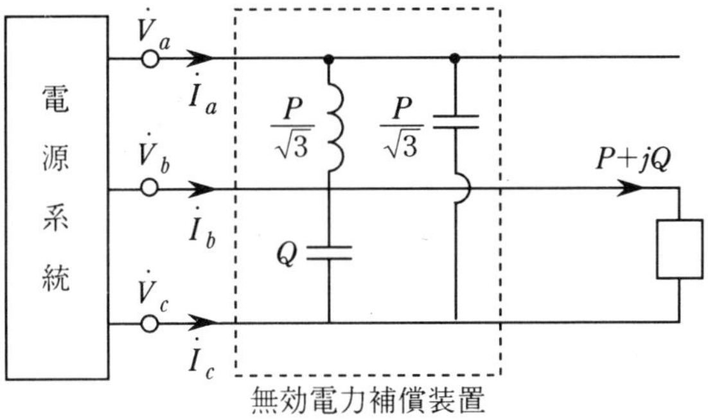

図 4・1　単相負荷の平衡化補償

$$\begin{cases} \text{ab相間に}\ \dfrac{P}{\sqrt{3}}\ \text{〔MVA〕の分路リアクトル} \\ \text{bc相間に}\ Q\ \text{〔MVA〕の電力用コンデンサ} \\ \text{ca相間に}\ \dfrac{P}{\sqrt{3}}\ \text{〔MVA〕の電力用コンデンサ} \end{cases}$$

を設置すれば，電源側からみて，力率1の三相平衡負荷に補償できる（**付録・4**）．一般の不平衡負荷も単相負荷の組み合わせとみなせるから，同様の補償装置によって平衡化できる．

負荷側の対策がむずかしい場合は，供給系統側では短絡容量の大きい上位電圧系統から供給したり，不平衡負荷供給系統を他の一般負荷系統から分離するなどの対策によって影響を防止することがある．

付録・1　スコット結線負荷による電圧降下率の求め方

図1・2で無負荷時のa相電圧$\dot{V}_{a0}$を位相基準にとれば，負荷時の零相，正相，逆相電圧$\dot{V}_0$，$\dot{V}_1$，$\dot{V}_2$は，

$$\left.\begin{aligned}&\dot{V}_0=0\\&\dot{V}_1=\dot{V}_{a0}-\dot{Z}_1\dot{I}_1\\&\dot{V}_2=-\dot{Z}_2\dot{I}_2\end{aligned}\right\}\qquad(\text{付}1\cdot1)$$

負荷時の各相電圧$\dot{V}_a$，$\dot{V}_b$，$\dot{V}_c$および線間電圧$\dot{V}_{ab}$，$\dot{V}_{bc}$，$\dot{V}_{ca}$は，電源側の正相，逆相インピーダンス$\dot{Z}_1$，$\dot{Z}_2$が等しく$\dot{Z}_1=\dot{Z}_2=\dot{Z}=Z\varepsilon^{j\alpha}$とおけば，

$$\left.\begin{aligned}&\dot{V}_a=\dot{V}_1+\dot{V}_2=V_{a0}-\dot{Z}\left(\dot{I}_1+\dot{I}_2\right)\\&\dot{V}_b=a^2\dot{V}_1+a\dot{V}_2=a^2V_{a0}-\dot{Z}\left(a^2\dot{I}_1+a\dot{I}_2\right)\\&\dot{V}_c=a\dot{V}_1+a^2\dot{V}_2=aV_{a0}-\dot{Z}\left(a\dot{I}_1+a^2\dot{I}_2\right)\end{aligned}\right\}\qquad(\text{付}1\cdot2)$$

$$\left.\begin{aligned}&\dot{V}_{ab}=\dot{V}_a-\dot{V}_b=(1-a^2)V_{a0}-\dot{Z}\left\{(1-a^2)\dot{I}_1+(1-a)\dot{I}_2\right\}\\&\dot{V}_{bc}=\dot{V}_b-\dot{V}_c=(a^2-a)V_{a0}-\dot{Z}\left\{(a^2-a)\dot{I}_1+(a-a^2)\dot{I}_2\right\}\\&\dot{V}_{ca}=\dot{V}_c-\dot{V}_a=(a-1)V_{a0}-\dot{Z}\left\{(a-1)\dot{I}_1+(a^2-1)\dot{I}_2\right\}\end{aligned}\right\}\qquad(\text{付}1\cdot3)$$

無負荷時の線間電圧は，

$$\left.\begin{aligned}&\dot{V}_{ab0}=(1-a^2)V_{a0}\\&\dot{V}_{bc0}=(a^2-a)V_{a0}\\&\dot{V}_{ca0}=(a-1)V_{a0}\end{aligned}\right\}\qquad(\text{付}1\cdot4)$$

(1・8)，(1・9)，(付1・3)，(付1・4)式より，$\theta'=\theta-\alpha+\dfrac{\pi}{2}$とおいて，

$$\begin{aligned}\frac{\dot{V}_{ab}}{\dot{V}_{ab0}}&=1-\frac{Z\varepsilon^{j\alpha}}{V_{a0}}\left\{\frac{(I_{MP}+I_{TP})\varepsilon^{-j\theta}}{\sqrt{3}}+\frac{(1-a)(I_{TP}+I_{MP})\varepsilon^{-j\theta}}{\sqrt{3}(1-a^2)}\right\}\\&=1-\frac{Z}{\sqrt{3}V_{a0}}\left[(I_{MP}+I_{TP})\left\{\cos\left(\frac{\pi}{2}-\theta'\right)+j\sin\left(\frac{\pi}{2}-\theta'\right)\right\}\right.\\&\qquad\left.+(I_{TP}+I_{MP})\left\{\cos\left(\frac{\pi}{2}-\theta'-\frac{\pi}{3}\right)+j\sin\left(\frac{\pi}{2}-\theta'-\frac{\pi}{3}\right)\right\}\right]\\&=1-\frac{Z}{\sqrt{3}V_{a0}}\left[(I_{MP}+I_{TP})(\sin\theta'+j\cos\theta')\right.\\&\qquad\left.+(I_{TP}+I_{MP})\left\{\sin\left(\theta'+\frac{\pi}{3}\right)+j\cos\left(\theta'+\frac{\pi}{3}\right)\right\}\right]\\&=1-x-jy\end{aligned}$$

ここに,

$$x=\frac{Z}{\sqrt{3}V_{a0}}\left[I_{MP}\left\{\sin\theta'-\sin\left(\theta'+\frac{\pi}{3}\right)\right\}+I_{TP}\left\{\sin\theta'+\sin\left(\theta'+\frac{\pi}{3}\right)\right\}\right]$$

$$=\frac{Z}{\sqrt{3}V_{a0}}\left\{I_{MP}\sin\left(\theta'-\frac{\pi}{3}\right)+\sqrt{3}I_{TP}\sin\left(\theta'+\frac{\pi}{6}\right)\right\} \qquad (付1\cdot5)$$

$$y=\frac{Z}{\sqrt{3}V_{a0}}\left[I_{MP}\left\{\cos\theta'-\cos\left(\theta'+\frac{\pi}{3}\right)\right\}+I_{TP}\left\{\cos\theta'+\cos\left(\theta'+\frac{\pi}{3}\right)\right\}\right] \qquad (付1\cdot6)$$

線間電圧降下率

x, $y\ll1$であるから線間電圧降下率は,

$$v_{abd}=\frac{V_{ab0}-V_{ab}}{V_{ab0}}=1-\frac{V_{ab}}{V_{ab0}}$$

$$=1-\sqrt{(1-x)^2+y^2}\fallingdotseq x \qquad (付1\cdot7)$$

他の相についても同様に,

$$\frac{\dot{V}_{bc}}{\dot{V}_{bc0}}=1-\frac{Z\varepsilon^{j\alpha}}{V_{a0}}\left\{\frac{(I_{MP}+I_{TP})\varepsilon^{-j\theta}}{\sqrt{3}}-\frac{(I_{TP}+I_{MP})\varepsilon^{-j\theta}}{\sqrt{3}}\right\}$$

$$=1-\frac{2ZI_{MP}}{\sqrt{3}V_{a0}}(\sin\theta'+j\cos\theta') \qquad (付1\cdot8)$$

$$\therefore\quad v_{bcd}=\frac{V_{bc0}-V_{bc}}{V_{bc0}}\fallingdotseq\frac{2ZI_{MP}}{\sqrt{3}V_{a0}}\sin\theta' \qquad (付1\cdot9)$$

$$\frac{\dot{V}_{ca}}{V_{ca0}}=1-\frac{Z\varepsilon^{j\alpha}}{V_{a0}}\left\{\frac{(I_{MP}+I_{TP})\varepsilon^{-j\theta}}{\sqrt{3}}+\frac{(a^2-1)(I_{TP}-I_{MP})\varepsilon^{-j\theta}}{\sqrt{3}(a-1)}\right\}$$

$$=1-\frac{Z}{\sqrt{3}V_{a0}}\left[(I_{MP}+I_{TP})(\sin\theta'+j\cos\theta')\right.$$

$$\left.+(I_{TP}-I_{MP})\left\{\sin\left(\theta'-\frac{\pi}{3}\right)+j\cos\left(\theta'-\frac{\pi}{3}\right)\right\}\right] \qquad (付1\cdot10)$$

$$\therefore\quad v_{cad}=\frac{V_{ca0}-V_{ca}}{V_{bc0}}\fallingdotseq\frac{Z}{\sqrt{3}V_{a0}}\left[I_{MP}\left\{\sin\theta'-\sin\left(\theta'-\frac{\pi}{3}\right)\right\}\right.$$

$$\left.+I_{TP}\left\{\sin\theta'+\sin\left(\theta'-\frac{\pi}{3}\right)\right\}\right]$$

$$=\frac{Z}{\sqrt{3}V_{a0}}\left\{I_{MP}\sin\left(\theta'+\frac{\pi}{3}\right)+\sqrt{3}I_{TP}\sin\left(\theta'-\frac{\pi}{6}\right)\right\} \qquad (付1\cdot11)$$

一次測定格線間電圧は, $V_P\fallingdotseq\sqrt{3}V_{a0}$, 電源側短絡容量は,

$$S=\frac{V_P{}^2}{Z}\text{〔VA〕} \qquad (付1\cdot12)$$

したがって,

$$\left.\begin{aligned}\frac{ZI_{MP}}{\sqrt{3}V_{a0}}&=\frac{Z}{V_P}\left(\frac{V_M I_M}{V_P}\right)=\frac{W_M\,〔\mathrm{VA}〕}{S\,〔\mathrm{VA}〕}=\frac{W_M\,〔\mathrm{MVA}〕}{S\,〔\mathrm{MVA}〕}\\ \frac{ZI_{MP}}{\sqrt{3}V_{a0}}&=\frac{Z}{V_P}\left(\frac{V_T I_T}{V_P}\right)=\frac{W_T\,〔\mathrm{MVA}〕}{S\,〔\mathrm{MVA}〕}\end{aligned}\right\} \qquad (付\,1\cdot 13)$$

（付 *1·5*），（付 *1·7*），（付 *1·9*），（付 *1·11*），（付 *1·13*）式より，（*1·10*）式が得られる．

付録・2　アーク炉による電圧変動率の求め方

（1）アーク炉の円線図

アーク炉

図1・8（b）のアーク炉の等価回路で，供給点の電圧，電流$\dot{V}_a$，$\dot{I}_a$は炉用変圧器容量W_T〔MVA〕および一次側定格電圧V_{1n}〔kV〕基準の単位法では，次のように表わせる．

$$\left.\begin{aligned}\dot{V}_a &= \frac{(R_F + jX_F)\dot{V}_{a0}}{R_F + jX_0} \\ \dot{I}_a &= \frac{\dot{V}_{a0}}{R_F + jX_0}\end{aligned}\right\} \quad (付2\cdot1)$$

ここに，

$\dot{V}_{a0}$：アーク炉無負荷時の供給点電圧

R_F：供給点からアーク炉側をみたインピーダンス$\dot{Z}_F$の抵抗分$= R_l + \dfrac{R_f}{t^2}$

R_l：アーク炉供給線の抵抗

R_f：アーク炉インピーダンス$\dot{Z}_f$（炉用変圧器，二次導体，直列リアクトル，電極およびアークの合計インピーダンス）の抵抗分

t：炉用変圧器タップ比 $= \dfrac{(V_S/V_{Sn})}{(V_P/V_{Pn})}$〔PU〕

V_{Pn}，V_{Sn}：炉用変圧器の一次，二次定格電圧〔kV〕

V_P，V_S：炉用変圧器の一次，二次運転タップ電圧〔kV〕

X_F：$\dot{Z}_F$のリアクタンス分 $= X_l + \dfrac{X_f}{t^2}$

X_l：アーク炉供給線のリアクタンス分

X_f：$\dot{Z}_f$のリアクタンス分

$X_0 = X_S + X_F$：炉の電極から電源側をみたリアクタンス

X_S：供給点から電源側をみたリアクタンス（ただし電源側抵抗分は省略する）

供給点の電力，無効電力P，Qは，

$$P + jQ = \dot{V}_a\bar{\dot{I}}_a$$

$$= \frac{(R_F + jF_F)V_{a0}{}^2}{R_F{}^2 + X_0{}^2} \quad (付2\cdot2)$$

$$\left.\begin{aligned}\therefore\ P &= \frac{R_F V_{a0}{}^2}{R_F{}^2 + X_0{}^2} \\ Q &= \frac{X_F V_{a0}{}^2}{R_F{}^2 + X_0{}^2}\end{aligned}\right\} \quad (付2\cdot3)$$

$$\frac{P}{Q}=\frac{R_F}{X_F} \qquad (付2\cdot4)$$

(付2·3)式の第2式に(付2·4)式を代入して，

$$Q=\frac{X_F V_{a0}{}^2}{\left(\frac{X_F P}{Q}\right)+X_0{}^2} \qquad (付2\cdot5)$$

$$\therefore\ X_F{}^2P^2+X_0{}^2Q^2-X_FV_{a0}{}^2Q=0 \qquad (付2\cdot6)$$

したがって，

$$\frac{P^2}{\left(\frac{V_{a0}{}^2}{2X_0}\right)^2}+\frac{\left(Q-\frac{X_FV_{a0}{}^2}{2X_0{}^2}\right)^2}{\left(\frac{X_FV_{a0}{}^2}{2X_0{}^2}\right)^2}=1 \qquad (付2\cdot7)$$

通常，$X_S \ll X_F$，$X_0 \fallingdotseq X_F$であるから，

$$P^2+\left(Q-\frac{V_{a0}{}^2}{2X_0}\right)^2=\left(\frac{V_{a0}{}^2}{2X_0}\right)^2 \qquad (付2\cdot8)$$

これは，$P-Q$座標では，付図2·1のように，

$$中心=\left(0,\ \frac{V_{a0}{}^2}{2X_0}\right)$$

$$半径=\frac{V_{a0}{}^2}{2X_0}$$

の円となり，R_Fが$\infty\to X_0\to 0$と変わるにしたがって，$P-Q$の軌跡は円上を$0\to m\to n$と移動する．

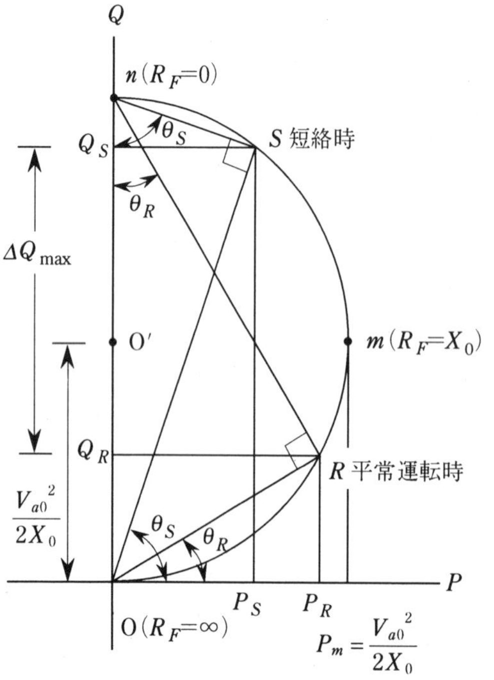

付図2·1　アーク炉の電力円線図

さらに，通常，供給線のインピーダンスはアーク炉のインピーダンスに比べて充分に小さく，$R_l \ll \frac{R_f}{t^2}$，$X_l \ll \frac{X_f}{t^2}$ であるから，

$$\left.\begin{aligned} R_F &\fallingdotseq \frac{R_f}{t^2} \\ X_F &\fallingdotseq \frac{X_f}{t^2} \fallingdotseq X_0 \end{aligned}\right\} \quad \text{(付2·9)}$$

したがって，

$$\left.\begin{aligned} P &\fallingdotseq \frac{t^2 R_f V_{a0}{}^2}{R_f{}^2 + X_f{}^2} \\ Q &\fallingdotseq \frac{t^2 X_f V_{a0}{}^2}{R_f{}^2 + X_f{}^2} \end{aligned}\right\} \quad \text{(付2·10)}$$

円線図　となり，P，Q はほぼ t^2 に比例し，**付図2·1**の円線図もほぼ t^2 に比例して伸縮する．

(2) アーク炉の負荷変動*

付図2·1で電極短絡時および平常時の回路インピーダンス $\dot{Z}_0 = jX_S + \dot{Z}_F$ の偏角を θ_S，θ_R，無効電力を Q_S，Q_R とすると，

$$\left.\begin{aligned} Q_S &= \overline{\mathrm{OS}} \sin\theta_S = \overline{\mathrm{On}} \sin\theta_S{}^2 \\ Q_R &= \overline{\mathrm{OR}} \sin\theta_R = \overline{\mathrm{On}} \sin\theta_R{}^2 \end{aligned}\right\} \quad \text{(付2·11)}$$

最大無効電力変動　$\overline{\mathrm{On}} = \frac{V_{a0}{}^2}{X_0}$ であるから，最大無効電力変動は，

$$\Delta Q_{\max} = Q_S - Q_R = \frac{V_{a0}{}^2(\sin^2\theta_S - \sin^2\theta_R)}{X_0[\text{PU on } W_T \text{ Base}]} \text{〔PU on } W_T \text{ Bas〕}$$

$$= \frac{W_T\text{〔MVA〕}(\sin^2\theta_S - \sin^2\theta_R)}{X_0[\text{PU on } W_T \text{ Base}]} \text{〔MVA〕}\ (V_{a0} = 1\ \text{PUのとき}) \quad \text{(付2·12)}$$

$$X_0[\%\text{ on 10 MVA Base}]$$

$$= X_0[\text{PU on } W_T \text{ Base}] \times \left(\frac{10}{W_T\text{〔MVA〕}}\right) \times 100 \quad \text{(付2·13)}$$

であるから，次のようにも表わせる．

$$\Delta Q_{\max} = \frac{1\,000(\sin^2\theta_S - \sin^2\theta_R)}{X_0[\%\text{ on 10 MVA Base}]} \text{〔MVA〕} \quad \text{(付2·14)}$$

最大電力変動　最大電力変動は，

$$\Delta P_{\max} = M_{ax}[P_m,\ P_S,\ P_R] - M_{in}[P_m,\ P_S,\ P_R] \leq \frac{V_{a0}{}^2}{2X_0} \quad \text{(付2·15)}$$

＊　アーク炉技術委員会：製鋼用アーク炉と電力供給に関する最近の動向（電気学会技術報告（Ⅱ部）第72号，昭53.12）

$$P_m = \frac{{V_{a0}}^2}{2X_0} \qquad (付2\cdot16)$$

アーク炉電流

アーク炉電流は三相不平衡であるが，逆相電流の最大値は，電極二相短絡時に次のようになる．

$$I_{2\max} \fallingdotseq \frac{V_{a0}}{2X_0} \qquad (付2\cdot17)$$

(3) 電圧変動率*

最大電圧変動率

(a) 最大電圧変動率

供給点の短絡容量をSとすれば，供給点の最大電圧変動率は，

$$\Delta V_{\max} = \frac{\Delta Q_{\max}〔\mathrm{MVA}〕}{S〔\mathrm{MVA}〕} \times 100〔\%〕 \qquad (付2\cdot18)$$

フリッカ

(b) フリッカ

人間の目に感ずる照明のちらつき感は，フリッカ（flicker）と呼ばれ，電灯線電圧の変動の大きさが等しくても変動周波数によって異なり，付図2·2のように10 Hz（1秒間に10回）程度の周波数が最も感じやすいとされている．

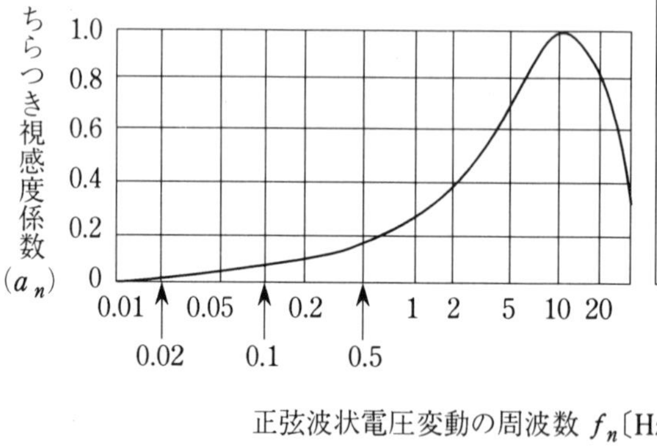

Hz	ちらつき視感度係数 a_n
0.01	0.026
0.05	0.055
0.1	0.075
0.5	0.169
1.0	0.26
3.0	0.563
5.0	0.78
10.0	1.0
15.0	0.845
20.0	0.655
30.0	0.357

付図2·2　ちらつき視感度曲線

アーク炉のような不規則な電圧変動は，多くの周波数をもつ変動成分の合成されたものと考えられるが，これと等しいちらつき感を与える10 Hzの正弦波状電圧変動率を実効値100 V基準の〔V〕単位で表わしたものを，ΔV_{10}と呼び，わが国では代表的なフリッカの表示尺度とされている．ΔV_{10}は次式より求められる．

$$\Delta V_{10} = \sqrt{\sum_{n=1}^{\infty} \left(a_n \Delta V_n\right)^2} \qquad (付2\cdot19)$$

a_n：ちらつき視感度曲線から求められる変動周期f_n〔Hz〕に対応するちらつき視感度係数

＊　前頁の文献に同

ΔV_n：変動周期 f_n の電圧変動成分の振れ（**付図2·3**）．（測定時間は1分間単位）

ΔV_{10} と ΔV_{max} の間には（*1·18*）式の関係がある．

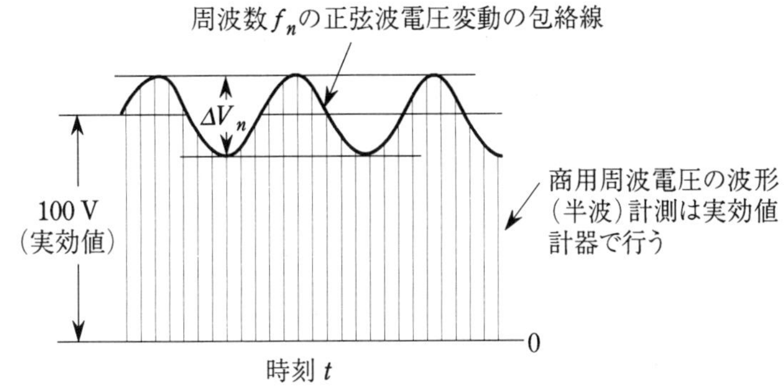

付図 2·3　ΔV_n の説明

付録・3　逆相電流・電圧不平衡率の計算式

逆相電流

(1) 逆相電流の計算式

$\dot{I}_a$を位相基準にとって，

$$\left.\begin{aligned}\dot{I}_a&=I_a\\ \dot{I}_b&=I_b\angle\theta_b\\ \dot{I}_c&=I_c\angle\theta_c\end{aligned}\right\}\qquad(付3\cdot1)$$

とおけば，零相電流が零の場合は，

$$\dot{I}_a+\dot{I}_b+\dot{I}_c=0\qquad(付3\cdot2)$$

したがって，付図3・1より，

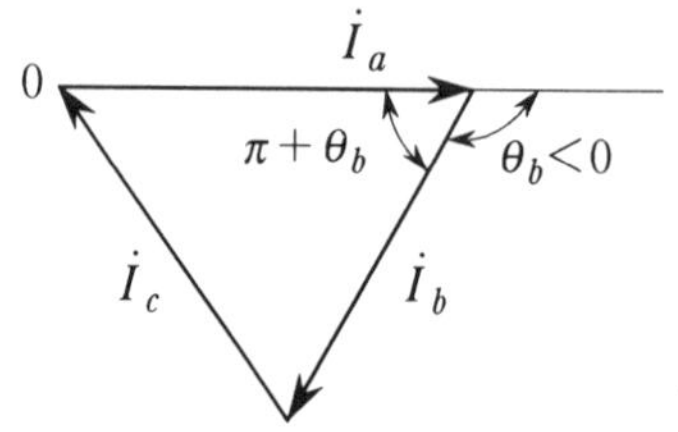

付図 3・1

$$\begin{aligned}I_c{}^2&=I_a{}^2+I_b{}^2-2I_aI_b\cos(\pi+\theta_b)\\&=I_a{}^2+I_b{}^2+2I_aI_b\cos\theta_b\end{aligned}\qquad(付3\cdot3)$$

$$\therefore\quad I_aI_b\cos\theta_b=\frac{1}{2}\left(I_c{}^2-I_a{}^2-I_b{}^2\right)\qquad(付3\cdot4)$$

$$\begin{aligned}I_aI_b\sin\theta_b&=-I_aI_b\sqrt{1-\cos^2\theta_b}\ \ (-\pi<\theta_b<0)\\&=-\sqrt{I_a{}^2I_b{}^2-\frac{1}{4}\left(I_c{}^2-I_a{}^2-I_b{}^2\right)^2}\\&=-\frac{1}{2}\sqrt{4\left(I_a{}^2I_b{}^2+I_b{}^2I_c{}^2+I_c{}^2I_a{}^2\right)-\left(I_a{}^2+I_b{}^2+I_c{}^2\right)^2}\end{aligned}\qquad(付3\cdot5)$$

逆相電流$\dot{I}_2$は，

$$\begin{aligned}3\dot{I}_2&=\dot{I}_a+a^2\dot{I}_b+a\dot{I}_c\\&=I_a+\left(-\frac{1}{2}-\frac{j\sqrt{3}}{2}\right)I_b(\cos\theta_b+j\sin\theta_b)\\&\quad-\left(-\frac{1}{2}-\frac{j\sqrt{3}}{2}\right)\left\{I_a+I_b(\cos\theta_b+j\sin\theta_b)\right\}\\&=\left(\frac{2}{3}I_a+\sqrt{3}I_b\sin\theta_b\right)-j\left(\frac{\sqrt{3}}{2}I_a+\sqrt{3}I_b\cos\theta_b\right)\end{aligned}\qquad(付3\cdot6)$$

$$9I_2^{\ 2}=\left(\frac{3}{2}I_a+\sqrt{3}I_b\sin\theta_b\right)^2+\left(\frac{\sqrt{3}}{2}I_a+\sqrt{3}I_b\cos\theta_b\right)^2$$

$$=3\left\{I_a^{\ 2}+I_b^{\ 2}+I_aI_b\left(\cos\theta_b+\sqrt{3}\sin\theta_b\right)\right\} \qquad (付3\cdot7)$$

(付3·4), (付3·5), (付3·7) 式より (4·3) 式が得られる.

正相電流

同様にして，正相電流I_1は,

$$I_1=\sqrt{\frac{A_i+\sqrt{3\left(4B_i-A_i^{\ 2}\right)}}{6}} \qquad (付3\cdot8)$$

A_i, B_iは, (4·3) 式参照.

電圧不平衡率

(2) 電圧不平衡率の計算式

$\dot{V}_{ab}$を位相基準にとって,

$$\left.\begin{aligned}\dot{V}_{ab}&=V_{ab}\\ \dot{V}_{bc}&=V_{bc}\angle\theta_{bc}\\ \dot{V}_{ca}&=V_{ca}\angle\theta_{ca}\end{aligned}\right\} \qquad (付3\cdot9)$$

とおけば,

$$\dot{V}_{ab}+\dot{V}_{bc}+\dot{V}_{ca}=0 \qquad (付3\cdot10)$$

したがって, (付3·4), (付3·5) 式と同様に,

$$\left.\begin{aligned}V_{ab}V_{bc}\cos\theta_{bc}&=\frac{1}{2}\left(V_{ca}^{\ 2}-V_{ab}^{\ 2}-V_{bc}^{\ 2}\right)\\ V_{ab}V_{bc}\cos\theta_{bc}&=-\frac{1}{2}\sqrt{4B_v-A_v^{\ 2}}\end{aligned}\right\} \qquad (付3\cdot11)$$

逆相電圧

A_v, B_vは, (4·6) 式参照. 逆相電圧$\dot{V}_2$は (4·5) 式より,

$$\dot{V}_2=\frac{1}{6}\left\{V_{ab}+\left(V_{ab}+\dot{V}_{bc}\right)-j\sqrt{3}\dot{V}_{bc}\right\}$$

$$=\frac{1}{6}\left[\left\{2V_{ab}+V_{bc}\left(\cos\theta_{bc}+\sqrt{3}\sin\theta_{bc}\right)\right\}\right.$$

$$\left.-jV_{bc}\left(\sqrt{3}\cos\theta_{bc}-\sin\theta_{bc}\right)\right] \qquad (付3\cdot12)$$

$$36V_2^{\ 2}=\left\{2V_{ab}+V_{bc}\left(\cos\theta_{bc}+\sqrt{3}\sin\theta_{bc}\right)\right\}^2$$

$$+V_{bc}^{\ 2}\left(\sqrt{3}\cos\theta_{bc}-\sin\theta_{bc}\right)^2$$

$$=4V_{ab}^{\ 2}+4V_{bc}^{\ 2}+4V_{ab}V_{bc}\left(\cos\theta_{bc}+\sqrt{3}\sin\theta_{bc}\right) \qquad (付3\cdot13)$$

(付3·11), (付3·13) 式より,

$$V_2^{\ 2}=\frac{1}{9}\left\{V_{ab}^{\ 2}+V_{bc}^{\ 2}+\frac{1}{2}\left(V_{ca}^{\ 2}-V_{ab}^{\ 2}-V_{bc}^{\ 2}\right)-\frac{1}{2}\sqrt{3\left(4B_v-A_v^{\ 2}\right)}\right\}$$

$$=\frac{1}{18}\left\{A_v-\sqrt{3\left(4B_v-A_v^{\ 2}\right)}\right\}$$

$$\therefore \quad V_2 = \sqrt{\frac{A_v - \sqrt{3\left(4B_v - A_v{}^2\right)}}{18}} \qquad \text{(付 3·14)}$$

同様に，

$$V_1 = \sqrt{\frac{A_v + \sqrt{3\left(4B_v - A_v{}^2\right)}}{18}} \qquad \text{(付 3·15)}$$

（付 *3·14*），（付 *3·15*）式より（*4·6*）式が得られる．

付録・4　不平衡負荷の平衡補償

図4・1で，単相負荷を力率1の三相平衡負荷に補償するために必要な各相間の無効電力補償容量Q_{ab}，Q_{bc}，Q_{ca}〔MVar〕を求める．電源からみた線間電流を$\dot{I}_{ab}$，$\dot{I}_{bc}$，$\dot{I}_{ca}$とすれば，

$$\left.\begin{aligned} \dot{V}_{ab}\bar{\dot{I}}_{ab} &= jQ_{ab} \\ \dot{V}_{bc}\bar{\dot{I}}_{bc} &= P + j(Q + Q_{bc}) \\ \dot{V}_{ca}\bar{\dot{I}}_{ca} &= jQ_{ca} \end{aligned}\right\} \qquad (付4・1)$$

電源の各相電流は，

$$\left.\begin{aligned} \dot{I}_a &= \dot{I}_{ab} - \dot{I}_{ca} \\ \dot{I}_b &= \dot{I}_{bc} - \dot{I}_{ab} \\ \dot{I}_c &= \dot{I}_{ca} - \dot{I}_{bc} \end{aligned}\right\} \qquad (付4・2)$$

a相の電力，無効電力は,，

$$P_a + jQ_a = \dot{V}_a\bar{\dot{I}}_a = \dot{V}_a\left(\bar{\dot{I}}_{ab} - \bar{\dot{I}}_{ca}\right)$$

$$= \dot{V}_a\left(\frac{jQ_{ab}}{\dot{V}_{ab}} - \frac{jQ_{ca}}{\dot{V}_{ca}}\right) \qquad (付4・3)$$

a相電圧$\dot{V}_a$と，線間電圧$\dot{V}_{ab}$，$\dot{V}_{ca}$の間には，

$$\left.\begin{aligned} \frac{\dot{V}_a}{\dot{V}_{ab}} &= \frac{1}{\sqrt{3}} \angle 30^\circ = \frac{1}{2} - \frac{j}{2\sqrt{3}} \\ \frac{\dot{V}_a}{\dot{V}_{ca}} &= \frac{1}{\sqrt{3}} \angle 150^\circ = -\frac{1}{2} - \frac{j}{2\sqrt{3}} \end{aligned}\right\} \qquad (付4・4)$$

の関係があるから，

$$P_a + jQ_a = \frac{1}{2}\left\{\left(\frac{Q_{ab} - Q_{ca}}{\sqrt{3}}\right) + j(Q_{ab} + Q_{ca})\right\} \qquad (付4・5)$$

同様にして，b，c相の電力，無効電力は，

$$P_b + jQ_b = \frac{1}{2}\left\{\left(P + \frac{Q - Q_{ab} + Q_{bc}}{\sqrt{3}}\right) + j\left(-\frac{P}{\sqrt{3}} + Q + Q_{ab} + Q_{bc}\right)\right\} \qquad (付4・6)$$

$$P_c + jQ_c = \frac{1}{2}\left\{\left(P - \frac{Q + Q_{bc} - Q_{ca}}{\sqrt{3}}\right) + j\left(\frac{P}{\sqrt{3}} + Q + Q_{bc} + Q_{ca}\right)\right\} \qquad (付4・7)$$

(付*4·5*)～(付*4·7*)式右辺の虚数部＝0とおいて，

$$\left.\begin{aligned} Q_{ab} &= \frac{P}{\sqrt{3}} \\ Q_{bc} &= -Q \\ Q_{ca} &= -\frac{P}{\sqrt{3}} \end{aligned}\right\} \qquad (付4\cdot8)$$

このとき，

$$P_a = P_b = P_c = \frac{P}{3} \qquad (付4\cdot9)$$

すなわち，(付*4·8*)式の無効電力補償装置により，力率1の三相平衡負荷に補償できる．

英字

ア行

カ行

サ行

タ行

ハ行

d－book
電圧変動と不平衡計算

2001年6月11日　第1版第1刷発行

著　者　新田目　倖造
発行者　田中久米四郎
発行所　株式会社電気書院
東京都渋谷区富ケ谷二丁目2-17
（〒151-0063）
電話03-3481-5101（代表）
FAX03-3481-5414
制　作　久美株式会社
京都市中京区新町通り錦小路上ル
（〒604-8214）
電話075-251-7121（代表）
FAX075-251-7133

印刷所　創栄印刷株式会社

ISBN4-485-42992-X